高等职业教育公共基础课系列教材

信息技术基础

主　编　赵　竞　欧阳芳

副主编　王　琛　郑　捷　廖　敏

参　编　李文静　林志杰

机械工业出版社
CHINA MACHINE PRESS

本书以高等职业院校各专业对学生信息技术学科核心素养和应用能力要求为出发点，重构信息技术基础课程的知识体系，以培养学生的信息意识、计算思维、数字化创新与发展、信息社会责任为目的。

本书共分六章，第一章信息技术概述，介绍信息和信息技术的相关概念、数据的表示、信息系统、信息素养与职业文化等相关知识。第二章 WPS 文字编辑，系统全面地介绍了文字处理、图文混排、表格应用、邮件合并和论文排版等知识。第三章 WPS 表格处理，介绍了表格录入与编辑、公式与函数的计算、图表和数据透视表等知识。第四章 WPS 演示文稿，介绍了文字、图片、声音、视频等各种对象的插入和编辑操作，以及模板和母版的使用方法。通过第二～四章的学习，学生可具备运用 WPS 来处理文字、表格和演示文稿的能力，熟练掌握 WPS 应用技巧，更好地服务于学习和工作。第五章互联网与信息检索，介绍了互联网的基础知识、信息检索、搜索引擎的使用、信息检索常见途径和信息检索案例。第六章新一代信息技术，介绍了云计算、大数据、5G 通信、人工智能、物联网、区块链和量子信息等新一代信息技术的概念、关键技术、典型应用等知识，使学生了解当代最前沿的信息技术发展情况，培养个人信息素养和科学的自主判断能力。

本书按照教育部的信息技术课程标准的公共模块和部分拓展模块内容编写而成，同时覆盖全国计算机等级考试一级（WPS Office）的知识点，可作为高等职业院校学生信息技术课程的通用教材，也可作为全国计算机等级考试的辅导用书和信息技术培训的参考书。

图书在版编目（CIP）数据

信息技术基础 / 赵竞，欧阳芳主编 . — 北京：
机械工业出版社，2021.12（2023.1 重印）
高等职业教育公共基础课系列教材
ISBN 978-7-111-44812-9

Ⅰ.①信… Ⅱ.①赵… ②欧… Ⅲ.①电子计算机 – 高等职业
教育 – 教材 Ⅳ.① TP3

中国版本图书馆CIP数据核字（2022）第012233号

机械工业出版社（北京市百万庄大街22号 邮政编码100037）
策划编辑：赵志鹏   责任编辑：赵志鹏
责任校对：史静怡 张 薇   封面设计：马精明
责任印制：张 博
河北鑫兆源印刷有限公司印刷

2023 年1月第1版第3次印刷
184mm × 260mm · 16印张 · 354千字
标准书号：ISBN 978-7-111-44812-9
定价：49.80元

电话服务   网络服务
客服电话：010-88361066   机 工 官 网：www.cmpbook.com
　　　　　010-88379833   机 工 官 博：weibo.com/cmp1952
　　　　　010-68326294   金 书 网：www.golden-book.com
封底无防伪标均为盗版   机工教育服务网：www.cmpedu.com

前　言

2021年4月，教育部发布了高等职业院校信息技术课程纲领性文件《高等职业教育专科信息技术课程标准（2021年版）》，本书根据此标准编写。

本书作者一致认为，在"三教"改革的大背景下，全面贯彻党的教育方针，落实立德树人的根本任务，需根据高等职业院校各专业对学生信息技术学科核心素养和应用能力的培养要求，从学生需求出发、从岗位需求出发，为党育人、为国育才。在考虑教学用办公软件时，选用了相对于MS Office软件操作更简单、对个人用户永久免费、更适应国人思维习惯的国产软件WPS Office。这部分的教学设计以实际工作任务为驱动，采用"任务描述－预备知识－任务实施－思维导图－课堂练习"的流程，使学生通过学习具备运用WPS Office来处理文字、表格和演示文稿的能力，熟练掌握WPS Office应用技巧，通过学习、思考、操作、总结、再练习的过程构建自己的知识结构。本书在注重办公软件应用能力训练的同时，强调培养学生的信息意识、计算思维和信息社会责任，理论知识以信息技术基础知识为主线，介绍了信息技术的相关概念、数据表示、信息系统、计算机系统、网络与通信、信息检索、信息素养与职业文化等相关知识。此外，学生通过自主学习、分组讨论、案例分析等方式学习云计算、大数据、5G通信、人工智能、物联网、区块链和量子信息等新一代信息技术的相关知识，了解当代最前沿的信息技术概念、关键技术和典型应用，培养个人信息素养科学的自主判断能力。

本书所有作者均是湖南幼儿师范高等专科学校长期从事计算机一线教学的教师。全书共六章，具体编写分工为：第一章信息技术概述由赵竞、廖敏、李文静、林志杰编写，第二章WPS文字编辑由王琛编写，第三章WPS表格处理、第五章互联网与信息检索由欧阳芳编写，第四章WPS演示文稿由郑捷编写，第六章新一代信息技术由赵竞编写，全书由赵竞、欧阳芳统稿。青辉阳教授对本书编写前期工作给予了指导，谨致衷心感谢。

本书配套资源有教学案例素材、教学用PPT、微课视频等内容，与本书配套的课程"信息技术基础"已在"学银在线"网站上线，供教师和学习者使用。

在本书编写过程中，编者参考了大量国内外相关文献，受益匪浅，特向其作者表示感谢。

由于作者水平有限，书中难免不足之处，恳请广大读者、专家批评指正。

编　者

二维码索引

（续）

名称	图形	页码	名称	图形	页码	名称	图形	页码
插入和编辑对象一		146	信息检索案例		199	物联网的关键技术和应用		226
插入与编辑对象二		147	概述		210	区块链与比特币		228
插入和编辑对象三		148	云计算		211	比特币的关键技术		230
动画设置		156	大数据		213	比特币的现实问题		233
互联网与电子邮件		178	移动通信和5G技术		216	区块链的分类和发展		235
信息检索概述		185	5G关键技术和典型应用		218	量子信息基本概念		237
信息检索语言		186	人工智能概述		220	量子通信		239
信息检索技术		188	人工智能的关键技术		221	量子计算		242
搜索引擎的使用		191	人工智能的应用		223			
信息检索途径		197	物联网的概述		224			

目 录

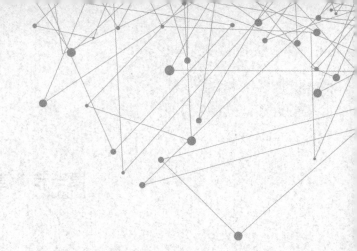

Chapter 1

第一章
信息技术概述

　　21世纪，随着科学技术的进步，信息技术已成为经济社会发展的主要驱动力，为我国建设创新型国家、制造强国提供了重要支撑。信息技术作为当今人类社会生产生活不可或缺的一种通用技术，学会运用信息技术是当代大学生提升个人信息素养、增强个体在信息社会的适应力与创造力的基本要求。

第一节　信息与信息技术

信息与信息技术

一　基本概念

1 信息与数据

（1）信息

信息是客观世界中各种事物的变化和特征的最新反映，是客观事物之间联系的表征，也是客观事物状态经过传递后的再现。它泛指人类社会传播的一切内容。人类通过获得、识别自然界和社会的不同信息来区别不同事物，得以认识和改造世界，例如：音讯、消息中传递的内容。

（2）数据

数据是事实或观察的结果，是对客观事物的逻辑归纳，用于表示客观事物未经加工的原始素材，例如：文字、图片、声音、视频等都是数据的表现形式。

计算机系统中采用二进制（0和1）来存储和表示数据。

（3）信息与数据的联系和区别

信息是有意义的数据。数据本身没有意义，人们只有通过对数据的解读来获取其中包含的信息。例如：《红楼梦》无疑是最世界上伟大的小说之一，然而对于一个不懂中文的人来说，一篇中文版的《红楼梦》就是一堆奇怪的符号（数据），无法理解（无法获取其中的信息）。信息直接与内容相关，同样的信息可以用不同的数据形式来表示，例如：今天学校举行联欢晚会，老师可以通过多种形式来传递这个信息，在公告栏中发通知（文字）、班主任口头告知（语言）和利用校园网或校园微信平台播放小视频广告（视频）等方式。

数据是信息的载体。面对同样的数据，不同的人获取的信息也可能不同。例如：同样是阅读《红楼梦》，有人从中读了爱情的甜蜜与苦涩，有人研究大时代背景下个人和家族在历史洪流中的沉浮，有人从中领略到中华诗词之美，还有人津津乐道大观园里的建筑和美食。个人的知识结构不同，从相同的数据中获得的信息价值也不同。

2 信息技术

信息技术（Information Technology，缩写为IT），因其使用的目的、范围、层次不同，人们对信息技术的定义也有各种不同表述。

信息技术一般是指以电子计算机和现代通信为主要手段，实现对信息获取、加工、传递和利用等功能的技术总和。广义上，信息技术指能充分利用与扩展人类信息器官功能的各种方法、工具与技能的总和。

3 信息技术的分类

信息技术也常被称为信息和通信技术（Information and Communications Technology，ICT），主要包括计算机技术、通信技术、传感技术和控制技术等。

二　信息技术的发展历程

信息技术的发展历程与人类社会的发展进程息息相关，信息技术的每一次向前推进都对人类社会生产力的发展和科学技术的进步起到重要的推动作用。信息技术的发展共分五个阶段：

1 语言的产生

语言的产生是人类进化过程中从猿到人的重要标志，语言成为人类思想交流和信息传播的重要工具。

2 文字的出现

文字的出现使信息的存储和传播超越了时间和地域的局限，例如：我们现在仍能通过"甲骨文"读到3000多年前商朝（约公元前17世纪—公元前11世纪）的历史。

3 印刷术的发明

印刷术是人类近代文明的先导，使书籍、报刊成为重要的信息存储和传播的媒介，为知识的积累和传播提供了更为可靠的保证。印刷术是我国古代四大发明之一，我国雕版印刷术最早出现在唐朝初期（约公元600年），活字印刷术是北宋仁宗庆历年间（公元1041—1049年）由毕昇发明的，我国的胶泥活字印刷术比德国的铅活字印刷术早约400年。

4 电报、电话、广播、电视等信息传递技术的发明和普及

19世纪30年代，人类发现了电磁波，并开始利用电磁波传递信息，随后电报、电话、广播、电视等信息传递技术的发明和普及使信息的传递进一步突破了时间与空间的限制。

5 计算机和现代通信技术的应用和普及

20世纪50~60年代，以电子计算机的出现为标志，人类社会进入数字化的信息时代，计算机和现代通信技术的应用使得信息的存储容量、处理和传播速度得到飞速提升，产生了巨大的经济效益和社会效益。

课堂随笔

第二节 数据的表示

世界上公认的第一台通用计算机 ENIAC，采用的是十进制数来表示数值。冯·诺依曼在研究时发现，十进制的表示与实现方式非常麻烦，从而提出了用二进制来表示。

数据的表示

二进制只有"0"和"1"两个数，与十进制比较，其运算简单、易于实现、通用性强、所占用的空间更小，使计算的可靠性更高。

一　数据的单位

1　位（bit）

位是计算机处理数据的最小单位，用英文字母 bit 表示。一个二进制数码（0 或 1）称为 1 位（bit）。

2　字节（Byte）

字节是计算机内存储数据的基本单位，用英文字母 Byte 表示，缩写为 B。一个字节由 8 位二进制数组成，1Byte=8bit。为方便记录，更大的存储数据容量单位依次有：KB、MB、GB、TB 等。它们的换算关系见表 1-1。

表 1-1 数据存储单位的换算关系

单位	名称	含义	单位	名称	含义
KB	千字节	$1KB=1024B=2^{10}B$	ZB	泽字节	$1ZB=1024EB=2^{70}B$
MB	兆字节	$1MB=1024KB=2^{20}B$	YB	尧字节	$1YB=1024ZB=2^{80}B$
GB	吉字节	$1GB=1024MB=2^{30}B$	BB	珀字节	$1BB=1024YB=2^{90}B$
TB	太字节	$1TB=1024GB=2^{40}B$	NB	诺字节	$1NB=1024BB=2^{100}B$
PB	拍字节	$1PB=1024TB=2^{50}B$	DB	刀字节	$1DB=1024NB=2^{110}B$
EB	艾字节	$1EB=1024PB=2^{60}B$	CB	馈字节	$1CB=1024DB=2^{120}B$

二　进制的转换

日常生活中使用的数据一般是十进制的，而计算机中采用二进制表示。另外，为了书写方便，数据有时也采用八进制或十六进制形式表示。

进制的转换

1 常用的数制

数制就是用一组统一的符号和规则表示数的方法，包括数码、基数、位权三个要素。常用数制的表示见表1-2。位权是指对于一个多位数，某一位上的"1"所表示的数值的大小，称为该位的位权。例如十进制个位的位权为10^0，十位的位权为10^1，百位的位权为10^2。

表 1-2 常用数制的表示

数制	基数	数码	表示
二进制	2	0，1	B
八进制	8	0，1，2，3，4，5，6，7	O
十进制	10	0，1，2，3，4，5，6，7，8，9	D
十六进制	16	0，1，2，3，4，5，6，7，8，9，A，B，C，D，E，F	H

2 数制间的相互转换

（1）二、八、十六进制转换为十进制

将二、八、十六进制数转换为十进制数时，按相应基数的位权展开求和。

● 二进制数转换为十进制数

按以2为基数的位权展开求和，即可得转换后的十进制数，如：

$$1011.01B=1 \times 2^3+0 \times 2^2+1 \times 2^1+1 \times 2^0+0 \times 2^{-1}+1 \times 2^{-2}$$
$$=8+0+2+1+0+0.25$$
$$=11.25D$$

● 八进制数转换为十进制数

按以8为基数的位权展开求和，即可得转换后的十进制数，如：

$$376O=3 \times 8^2+7 \times 8^1+6 \times 8^0$$
$$=192+56+6$$
$$=254D$$

● 十六进制数转换为十进制数

按以16为基数的位权展开求和，即可得转换后的十进制数，如：

$$E2AH=14 \times 16^2+2 \times 16^1+10 \times 16^0$$
$$=3584+32+10$$
$$=3626D$$

（2）十进制转换为二、八、十六进制

将十进制数转换为二、八、十六进制数时，可将此数分成整数与小数部分分别进行转换，再将两者拼接起来。其转换规则如下所述。

整数部分：用十进制整数连续除以基数（2或8或16），直至商为0，所得余数从右到左排列，先得的余数在低位（右边），后得的余数在高位（左边）。

小数部分：用十进制小数不断乘以基数（2或8或16），直至小数部分为0或达到

课堂随笔

要求精度（当小数部分永远不会达到 0 时），所得的整数从小数点之后从左到右排列，先取得的整数在小数点左边，后取得的整数在小数点右边。

例：将十进制数 237.625D 转换成二进制数。

整数部分取余 小数部分取整

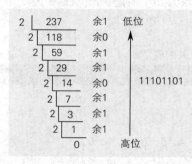 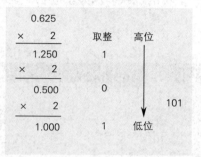

将整数部分与小数部分连接，得到转换结果：237.625D=11101101.101B

（3）八进制与二进制的相互转换

● 八进制数转换为二进制数

由于 $2^3=8$，因此一位八进制数可以用 3 位二进制数来表示，且只能由三位二进制数表示。八进制数转换为二进制数时，无论是整数部分还是小数部分，直接将八进制的每一个数用 3 位二进制数来表示。每一个八进制数与二进制数的对应关系如下。

八进制数	0	1	2	3	4	5	6	7
二进制数	000	001	010	011	100	101	110	111

例：将八进制数 357.2O 转换为二进制数

$$357.2O= \underline{011} \quad \underline{101} \quad \underline{111} . \underline{010} \quad B$$
$$\quad\quad\quad 3 \quad\quad 5 \quad\quad 7 \ . \ 2$$

注意：整数部分高位的零和小数部分低位的零可以取消。

● 二进制数转换为八进制数

将二进制整数转换为八进制整数时，从最低位（右边）向高位（左边）每 3 位分一组，最后不够位的在前补 0，然后把每组二进制数用相应的八进制数表示即可。

将二进制小数转换为八进制小数时，从小数点后第一位开始，向右边每 3 位分一组，最后不够位的在后补 0，然后把每组二进制数用相应的八进制数表示即可。

例：将二进制数 11010101.01B 转换为八进制数

$$\underline{011} \quad \underline{010} \quad \underline{101} . \underline{010} \quad B= 325.2 \quad O \quad （注意：在两边补零）$$
$$3 \quad\quad 2 \quad\quad 5 \ . \ 2$$

（4）十六进制与二进制的相互转换

● 十六进制数转换为二进制数

由于 $2^4=16$，因此一位十六进制数只能用 4 位二进制数来表示。十六进制数转换为二进制数时，无论是整数部分还是小数部分，直接将十六进制的每一个数用 4 位二进制数来表示。每一个十六进制数与二进制数的对应关系如下。

十六进制数	0	1	2	3	4	5	6	7
二进制数	0000	0001	0010	0011	0100	0101	0110	0111
十六进制数	8	9	A	B	C	D	E	F
二进制数	1000	1001	1010	1011	1100	1101	1110	1111

例：将十六进制数 A4BH 转换为二进制数

A4BH= <u>1010</u>　<u>0100</u>　<u>1011</u>　B
　　　　A　　　4　　　B

● 二进制数转换为十六进制数

将二进制整数转换为十六进制整数时，从最低位（右边）向高位（左边）每4位分一组，最后不够位的在前补0，然后把每组二进制数用相应的十六进制数表示即可。

将二进制小数转换为十六进制小数时，从小数点后第一位开始，向右边每4位分一组，最后不够位的在后补0，然后把每组二进制数用相应的十六进制数表示即可。

例：将二进制数 111010101B 转换为十六进制数

<u>0001</u>　<u>1101</u>　<u>0101</u>　B= 1D5 H　（注意：在前补零）
　1　　　D　　　5

三　文本的编码

计算机系统中的文本由字符组成，字符主要包括西文字符与中文字符。其中，西文字符由字母、数字、各种符号等构成。

字符编码

1 西文字符编码

计算机是以二进制来存储和处理数据，因此所有字符都必须按一定的规则进行二进制数编码才能进入计算机，用以表示字符的二进制编码称为字符编码。目前，国际通用的西文字符编码是美国标准信息交换码，简称ASCII码，见表1-3。标准ASCII码是7位码，即用7位二进制数来表示一个字符的编码，用一个字节（8个二进制位）存储或表示，其最高位总是0。7位二进制可编出128（2^7）个码，表示128个字符。

表 1-3 ASCII 码表

$d_3d_2d_1d_0$ ＼ $d_6d_5d_4$	000	001	010	011	100	101	110	111
0000	NUL	DEL	SP	0	@	P	`	p
0001	SOH	DC1	!	1	A	Q	a	q
0010	STX	DC2	"	2	B	R	b	r
0011	ETX	DC3	#	3	C	S	c	s

课堂随笔

（续）

d₃d₂d₁d₀ \ d₆d₅d₄	000	001	010	011	100	101	110	111
0100	EOT	DC4	$	4	D	T	d	t
0101	ENQ	NAK	%	5	E	U	e	u
0110	ACK	SYN	&	6	F	V	f	v
0111	BEL	TB	'	7	G	W	g	w
1000	BS	CAN	(	8	H	X	h	x
1001	HT	EM	)	9	I	Y	i	y
1010	LF	SUB	*	:	J	Z	j	z
1011	VT	ESC	+	;	K	[	k	{
1100	FF	FS	,	<	L	/	l		
1101	CR	GS	–	=	M	]	m	}
1110	SO	RS	·	>	N	^	n	~
1111	SI	US	/	?	O	_	o	DEL

ASCII 码表对大小写英文字母、阿拉伯数字、标点符号和控制符等特殊符号规定了编码，表中每个字符都对应一个数值，成为该字符的 ASCII 码值，排列次序为 $d_6d_5d_4d_3d_2d_1d_0$，其中，d_6 是最高位，d_0 是最低位，例如，SP（空格）的编码是 0100000。

ASCII 码表中有 34 个控制字符及 94 个图形字符，图形字符从 0~9、从 A~Z、从 a~z 都是顺序排列的，且小写字母比大写字母的码值大 32。比如"A"字符的编码是 1000001，对应的十进制数是 65，那么"a"字符的编码是 1100001，对应的十进制数是 97。

2 中文的编码

ASCII 码主要对西文字符进行了编码，为了让计算机能处理、显示、打印中文汉字字符，同样也需要对中文汉字进行编码。要让计算机能对汉字进行处理，首先必须输入汉字，即外码。再将输入的汉字转换成二进制数存储与处理，即将外码转换为内码。

计算机系统中的汉字是以点阵的形式输出，为确定一个汉字的点阵，必须将内码转换成字形码。另外，计算机与其他系统交流时，还应使用交换码。汉字信息处理中的编码及流程如图 1-1 所示。

汉字输入 → 输入码 → 国标码 → 汉字机内码 → 汉字字形码 → 汉字输出

图 1-1 汉字信息处理中的编码及流程

（1）输入码

汉字输入码即外码，指将汉字输入计算机而编制的汉字输入码。目前，汉字输入码有很多，如音码、形码、区位码等，现在使用越来越多的语音输入、手写输入、扫描输入等也属于汉字输入码的类别。

（2）国标码

国标码指我国于 1980 年发布的国家汉字编码标准（GB/T 2312—1980），全称是《信息交换用汉字编码字符集——基本集》（简称国标码或 GB 码）。国标码中有 6763 个汉字和 682 个其他基本图形字符，共计 7445 个字符，其中一级汉字 3755 个，二级汉字 3008 个。

为了与 ASCII 码兼容，汉字输入区位码和国标码之间能相互转换，具体方法是：将汉字的十进制区号和十进制位号各自转换成十六进制，再分别加上 20H，就是汉字的国标码。如：

汉字"大"的区位码是 2083D，先将其十进制区号 20 转换成十六进制，得到 14H，位号 83 转换成十六进制，得到 53H，再将转换后的数分别加上 20H，即 1453H + 2020H = 3473H，所以，汉字"大"的国标码就是 3473H。

（3）汉字机内码

机内码是计算机内部对汉字进行存储、处理的汉字编码，是计算机实际处理的编码。汉字的机内码用两个字节表示。因为 ASCII 码用一个字节表示，最高位为 0；国标码每个字节的最高位也是 0，计算机难以识别。因此，国标码转换为内码时，每个字节最高位加 1 后，计算机在处理时就能区别汉字和 ASCII 码了，具体方法是，将汉字的国标码加上 8080H，即可得到汉字的机内码。如，汉字"大"的国标码是 3473H，3473H+8080H=B4F3H，因此，汉字"大"的机内码就是 B4F3H。

（4）汉字字形码

为了将计算机内的汉字输出，对汉字字形经过点阵的数字化后的二进制数，为汉字字形码，即汉字输出码。点阵是一种汉字在矩形区内的显示和打印字符的方式。在显示器上显示汉字一般用 16×16 点阵，就是在纵向 16 列、横向 16 行的矩形内显示一个汉字。点阵中的一个点，是一个二进制位。在点阵中有笔画的地方用 1 表示，无笔画的地方用 0 表示，如图 1-2 所示。

因 8 位二进制位构成一个字节，因此 16×16 点阵的汉字需要 16×16÷8=32 字节的存储容量，32×32 点阵的汉字需要 32×32÷8=128 字节的存储容量。对于输入要求较高的汉字，还可以使用 96×96、108×108 等点阵。点阵越大，占用的存储容量越多，输出效果越好。

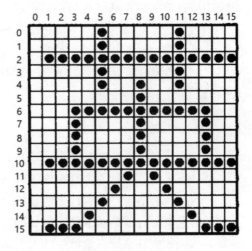

图 1-2　汉字字形点阵

四　多媒体技术

随着信息技术的高速发展，其应用领域从早期的数值计算渗透到各个领域，从单机应用发展到网络化，从简单的数值数据处理到多种媒体数据的处理，计算机多种技术的综合便产生了多媒体技术。

多媒体技术是指以计算机为核心，能同时对文本、图形、图像、音频、视频、动画等多种媒体信息进行采集、操作、编辑、存储等综合处理，以表现出更加完整、丰富、复杂的信息表现形式的信息技术和方法。

多媒体技术的主要特征有：多样性、交互性、集成性、实时性。多媒体系统能实时处理和控制音频、视频、动画等带有时间关系的媒体，让这些媒体以同步的方式工作。多媒体技术涉及的范围很广泛，主要包括音频技术、视频技术、数据压缩和解压缩技术、存储技术、超文本和超媒体链接技术、多媒体网络技术等。

第三节　信息系统

一　信息系统简介

1　什么是信息系统

信息系统和计算机硬件系统

广义上说，任何对信息进行采集、存储、传递、加工等处理工作的系统中信息流的总和都可视为信息系统。

一般来说，信息系统（Information System）指的是以计算机进行信息处理为基础的人机系统，即由计算机硬件、软件、网络和通信设备、信息资源、信息用户和规章制度等组成的以处理信息流为目的人机一体化系统。例如：学校的图书馆管理系统、教务管理系统等。

2　信息系统的六个要素

• 人：人是信息系统的主导，信息系统中人既是开发者、管理者，也是使用者。
• 计算机硬件和软件：计算机硬件系统和软件系统共同组成计算机系统。
• 网络和通信设备：将计算机连接起来，实现资源共享和信息交换。
• 信息资源：信息系统处理的数据对象，如文本、声音、图像等，这其中包括人工采集的数据和信息系统本身产生的大量数据。
• 规章制度：用于规范人们使用计算机软硬件、网络和信息资源的相关法律、法规、技术标准等。

　　信息系统根据业务的需要，对输入的数据进行加工处理，代替人工处理中繁琐、重复的劳动，同时为管理人员的决策提供及时、准确的信息。一般信息系统应具有输入、存储、处理、输出和控制五个功能。

　　信息系统的开发技术主要包括计算机硬件技术、计算机软件技术、计算机网络技术和数据库技术。

二　计算机系统

1　计算机技术的发展

计算机软件系统

　　1946 年 2 月，世界上第一台电子计算机在美国宾夕法尼亚大学正式投入运行，名为 ENIAC（The Electronic Numerical Integrator And Computer），中文译为"埃尼阿克"，如图 1-3 所示，ENIAC 的问世标志着现代计算机的诞生，它起初被应用于炮火弹道的计算，后来通过改进成为通用计算机，能用于多种科学数值计算。

图 1-3　第一台电子计算机 ENIAC

　　（1）计算机发展阶段

　　根据计算机采用的电子元器件不同，通常将计算机的发展分为四个阶段，见表 1-4。

　　（2）应用领域

　　在使用计算机的过程中，由于计算机具有高速、精确的运算能力、准确的逻辑判断能力、强大的存储能力及自动功能、网络与通信功能等显著特点，被广泛应用于人类社会各个方面。其应用领域主要包括以下方面：

课堂随笔

表 1-4 计算机发展的四个阶段

类别	时间段	主要电子元件	速度（次/s）	特点	应用	代表产品
第一代	1946—1959 年	电子管	5000 ~ 1 万	体积巨大，造价昂贵，运算速度低，功耗大，存储容量小，可靠性差	军事和科学研究	UNIVAC-1
第二代	1959—1964 年	晶体管	几万 ~ 几十万	体积减小，重量减轻，功耗较少，运算速度较高	科学计算、数据处理及事务管理	IBM-7000
第三代	1964—1972 年	中、小规模集成电路	几十万 ~ 几百万	体积、重量、功耗进一步减小，可靠性及速度进一步提升	应用更为广泛，如企业管理、自动控制、城市交通管理等	IBM-360
第四代	1972 年至今	大规模和超大规模集成电路	几千万 ~ 几十万亿	性能飞跃提升，价格大幅下降	广泛应用于社会各个领域	IBM-4300

● 科学计算。主要是使用计算机解决科学研究和工程技术中产生的大量数值计算问题。

● 数据处理。主要是对文字、图像、声音等大量数据进行加工处理，如采集、存储、统计、检测、分类、输出等。

● 过程控制。主要使用计算机实时采集控制对象的数据，进行分析处理后，按系统要求控制被控对象。

● 计算机辅助。主要是利用计算机，辅助人们在特定领域内完成特定的部分或全部工作任务，如计算机辅助设计（CAD）、计算机辅助制造（CAM）、计算机辅助教学（CAI）、计算机辅助测试（CAT）等。

● 网络通信。通过网络连接方式将计算机连接起来，实现资源共享和信息交流。

● 人工智能。主要是用计算机模拟人类的某些思维过程和智能行为，如机器人、自然语言处理、计算机视觉、故障诊断等。

● 多媒体应用。主要是利用计算机对文本、图形、图像、声音、视频、动画等多种媒体信息进行综合处理。

● 嵌入式系统。主要是把处理芯片嵌入到设备中完成特定的处理任务，如数码相机、高档电动玩具等。

（3）计算机分类

按处理数据的类型可以分为数字计算机、模拟计算机、混合计算机。按使用范围可以分为：通用计算机、专用计算机。按性能可以分为超级计算机、大型计算机、小型计算机、微型计算机、工作站、服务器。

2 计算机硬件系统

计算机硬件是构成计算机系统各功能部件的集合，是由电子、机械和光电元件组成的各种计算机部件和设备的总称，硬件是计算机完成各项工作的物质基础。

1946 年，冯·诺依曼提出了被称为"冯·诺依曼体系结构"的三点重要思想：一是计算机中数据采用二进制表示；二是存储程序思想，即把计算的过程描述为由许多命令按一定顺序组成的程序，然后把程序和数据一并输入计算机，计算机对其进行处理后输出结果；三是计算机由运算器、控制器、存储器、输入设备、输出设备五个基本部分组成。根据这三点思想，构成了现代计算机的硬件系统，如图 1-4 所示。

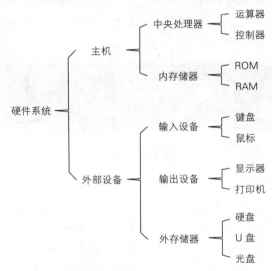

图 1-4　计算机硬件系统组成

（1）中央处理器（CPU）

中央处理器由运算器（ALU）和控制器（CU）两部分组成，是计算机系统中的核心部件，如图 1-5 所示。

● 控制器。控制器是计算机系统的控制中心，负责有序地向计算机各部件发出信号，使各部件按照指令进行工作，控制器由指令指针寄存器、指令寄存器、控制逻辑电路等组成。

● 运算器。运算器是对数据进行加工处理的部件，它在控制器的作用下与内存交换数据，负责进行各类基本的算术运算（加、减、乘、除）、逻辑运算（逻辑与、逻辑或、逻辑非）和其他操作，主要是对二进制编码进行相关的运算。运算器由算术逻辑单元、累加器、状态寄存器和通用寄

图 1-5　中央处理器（CPU）

存储器等组成。算术逻辑单元是用于完成加、减、乘、除等算术运算，与、或、非等逻辑运算，以及移位、求补等操作的部件。

中央处理器的性能指标主要有字长和时钟主频两个。

字长是计算机一次能同时处理的二进制数据位数。字长越长，计算机的运算精度越高，处理能力越强。目前主流的微型计算机的中央处理器有 32 位或 64 位字长，表示该处理器可以同时处理 32 位或 64 位二进制数据。

时钟主频是指中央处理器的时钟频率，决定了计算机速度的高低。主频以吉赫兹（GHz）为单位，一般来说，主频越高，速度越快。

（2）存储器

存储器是计算机系统中存放程序和数据的部件，可以保存大量信息。它根据控制器指定的位置存入和取出信息，有了存储器，计算机才有记忆功能，才能保证正常工作。存储器分为内部存储器和外部存储器。中央处理器只能直接访问内存中的数据，外存中的数据先调入内存后，才能被处理器访问。

● 内存储器：又称为内存，它是位于主机内部主板上的存储部件，用来存放当前正在执行的数据和程序，如图 1-6 所示。

图 1-6　内存

内存按功能又分为随机存储器（RAM）和只读存储器（ROM）两类。

随机存储器（RAM）有两个特点。一是可读写性，既可以读出 RAM 存储的信息，也可以向 RAM 写入信息。二是易失性。即断电后 RAM 中的信息全部丢失。随机存储器又可分为静态随机存储器（SRAM）和动态随机存储器（DRAM）。静态 RAM 的特点是速度快，不需要刷新，工作状态稳定，只要不断电信息可长期保存。动态 RAM 的特点是存取速度较慢，需要刷新，并且要及时充电，以保证存储内容的准确性。

只读存储器（ROM）最主要的特点是存储的信息只能读出，不能写入，断电后信息也不会丢失。常用的 ROM 有两种：可编程只读存储器（PROM），可对 ROM 进行写入操作，但只能写一次；可擦除可编程只读存储器（EPROM），可实现数据的反复擦写。

内存的性能指标主要有两个：容量和速度。

容量即存储容量，指存储器可容纳的二进制信息量。其基本单位是字节。常见的微型计算机的内存容量一般为 4~16GB。

速度即存取速度，指 CPU 从内存中读取或写入数据所需的时间，一般为几纳秒至几十纳秒。

● 外存储器：又称为外存，外存通常是磁性介质或光盘等，能长期保存信息。其特点是存储容量大，断电后存储的数据不会丢失，但存取速度较内存慢。外存只能与内存交换信息，不能直接与中央处理器交换信息。常见的外存储器有硬盘、闪存、光盘等。

　　硬盘是微型计算机主要的外部存储设备，由磁盘片、读写控制电路、驱动机构组成。具有容量大、存取速度较快等优点。硬盘按接口可分为 IDE 硬盘、ATA 硬盘、SCSI 硬盘、M.2 硬盘等。按工作原理可分为机械硬盘、固态硬盘、混合硬盘等。

　　闪速存储器（Flash Memory）简称闪存，常见的闪速存储器有 U 盘和闪存卡等，它们采用闪存芯片为存储介质，通过 USB 接口与微机连接。

　　光盘是以光信息为存储载体来存储数据的一种存储介质。一般分为两种：只读型光盘，包括 CD-ROM 和 DVD-ROM 等；可记录型光盘，包括 CD-RW、DVD-RW 等。光盘需要通过专用的设备即光驱来读写。

　　（3）输入设备

　　输入设备是用于输入计算机程序和原始数据的设备。常见的输入设备有键盘、鼠标、光学标记阅读器、图形扫描仪等。

　　（4）输出设备

　　输出设备用于将计算机的数据输出显示、打印、控制外围设备操作等。常见的输出设备有显示器、打印机、影像输出系统、语音输出系统等。

　　（5）总线

　　将计算机的各个功能部件连接起来，进行信息传输的公共通路叫总线。根据计算机传输的信息种类，计算机的总线可以分为数据总线、地址总线和控制总线，分别用来传输数据、数据地址和控制信号。

　　主板就是总线在硬件上的体现。主机的各个部件通过总线相连接，外部设备通过相应的接口电路再与总线相连接，从而形成了计算机硬件系统。

3 计算机软件系统

　　相对计算机硬件来说，计算机软件是看不见、摸不着的部分。计算机软件是指为运行、管理和维护计算机而编写的各种程序、数据和文档的总称。软件是计算机的灵魂，用户通过软件管理和使用计算机的硬件资源。

　　计算机的软件系统分为系统软件和应用软件两大类，如图 1-7 所示。

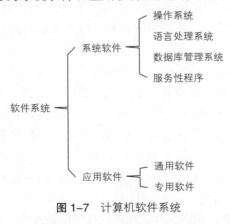

图 1-7　计算机软件系统

（1）系统软件

系统软件指控制和协调计算机及外部设备，支持应用软件开发和运行的软件。系统软件使得计算机使用者和其他软件将计算机当作一个整体而不需要顾及底层每个硬件是如何工作。系统软件一般包括操作系统、语言处理系统、数据库管理系统和服务性程序等。

● 系统软件中最重要的是操作系统。操作系统是介于硬件和应用软件之间的一个系统软件，是人与计算机之间通信的桥梁。用户可以通过操作系统提供的命令的功能实现计算机的各种操作。常见的操作系统如 Windows、MacOS、Linux 及国产操作系统鸿蒙等。

操作系统的功能主要是管理计算机的各种软硬件资源。具体包括 CPU 管理、内存管理、信息管理、设备管理、作业管理。操作系统通常分为五类。一是单用户操作系统，是指计算机系统一次只能运行一个用户程序。其最大的缺点是计算机系统的资源不能充分利用。二是批处理操作系统，是运行于大中型计算机上，可支持多个程序或多个作业同时存在和运行，也称多任务操作系统。三是分时操作系统，是在一台计算机附近连上多个终端，每个用户可以在各自的终端上以交互的方式控制作业运行。四是实时操作系统，是为满足特定需要，计算机能对数据进行迅速反馈与处理，以达到控制的目的。五是网络操作系统，是向网络计算机提供网络通信和资源共享功能的操作系统，负责管理整个网络资源和方便网络用户的软件集合。

● 语言处理系统。目前计算机程序基本由高级语言编写，因此语言处理系统即是用来编译或解释高级语言程序，以便计算机识别与执行的语言处理程序。

计算机语言分为机器语言、汇编语言、高级语言三类。

① 机器语言。用二进制代码表示的计算机能直接识别和执行的指令系统即为机器语言。机器语言具有效率高、执行速度快等特点。

② 汇编语言。由于机器语言用二进制代码编写，非常复杂且难懂，就有了一种把机器语言"符号化"的语言，即汇编语言。计算机无法直接识别和执行汇编语言，必须将汇编语言编写的程序翻译成机器语言才能被计算机执行。汇编语言相较机器语言，不使用二进制编写，更容易掌握。

③ 高级语言。除了机器语言和汇编语言外，其他的程序设计语言都是高级语言。高级语言更接近人们日常生活中使用的自然语言和数学语言，使用更简单。目前常见的高级语言有 VC、Java、Python、PHP 等。用高级语言编写的源程序计算机同样无法直接执行，必须翻译成机器语言才能执行。将高级语言翻译成机器语言的方式有两种：编译方式和解释方式。

编译方式是将用高级语言编写的源程序编译成目标程序，再通过链接程序将目标程序链接成可执行程序的方式。编译方式效率高，执行速度快，适用于开发操作系统、大型应用程序、数据库系统等，如 C/C++、Pascal、Delphi 等都是编译型语言。

解释方式是将源程序逐句翻译、逐句执行的方式。解释过程不产生目标程序，翻译一行执行一行，边翻译边执行。解释方式效率较低、执行速度较慢，适用于一些网页脚本、服务器脚本等对速度要求不高、对不同系统平台间的兼容性有一定要求的程序，如 JavaScript、VBScript、Python 等。

● 数据库管理系统。是对计算机内各种不同性质的数据进行组织，完成建立、存储、筛选、排序、检索、复制、输出等一系列管理的计算机软件，如小型数据库管理软件 Visual FoxPro、Access 等，大型数据库管理软件 Sybase、DB2 等。

● 服务性程序。为计算机系统提供服务的工具软件和支撑软件，主要用于计算机的程序编辑与调试、系统诊断、故障排除等，如磁盘扫描程序、软件安装程序等。

（2）应用软件

应用软件是为解决用户特定的问题而编制的程序，其功能在某一领域内较强，但运行时一般应在操作系统的支持下运行。应用软件一般包括通用软件和专用软件。

● 通用软件。为解决某一类问题而设计的软件。如办公软件 WPS、Microsoft Office 等，图像处理软件 Photoshop、美图秀秀等，视频处理软件 Premiere、会声会影等。

● 专用软件。专用于特殊需求而设计的软件，如学校自主开发设计的财务管理、教学管理软件等。

三　计算机网络与通信

计算机网络 1

计算机网络是指将地理位置不同的具有独立功能的多台计算机及其外部设备，通过通信线路或设备连接起来，在网络操作系统、网络管理软件及网络通信协议的管理和协调下，实现资源共享和信息传递的计算机系统。

最简单的计算机网络只有两台计算机和连接它们的一条线路，最庞大的计算机网络就是因特网。

1　计算机网络的功能和分类

（1）计算机网络的功能

● 数据通信。数据通信是计算机网络最基本的功能，计算机网络为分布在不同地域的用户提供了强有力的通信手段。用户可以通过计算机网络进行电子邮件传送、新闻消息发布及电子商务活动等。

● 资源共享。"资源"指的是网络中所有的软件、硬件和数据资源，"共享"指的是网络中的用户都能够部分或全部地享受这些资源。例如，某些地区或单位的数据库（如飞机机票、饭店客房等）可供全网使用；某些单位设计的软件可供需要的地方有偿调用或办理一定手续后调用；一些外部设备如打印机，可面向用户，使不具有这些设备的用户也能使用这些硬件设备。

● 分布处理。当某台计算机负担过重时，或该计算机正在处理某项工作时，网络可将新任务转交给空闲的计算机来完成，这样处理能均衡各计算机的负载，提高处理问题的实时性；对大型综合性问题，可将问题各部分交给不同的计算机分头处理，充分利用网络资源，扩大计算机的处理能力，即增强实用性。对解决复杂问题来讲，多台计算机联合使用并构成高性能的计算机体系，这种协同工作、并行处理要比单独购置高性能的大型计算机便宜得多。

课堂随笔

（2）分类

按网络覆盖地理范围，可以将计算机网络分为局域网、城域网、广域网。

● 局域网。局域网（Local Area Network，LAN）是一种在小区域内使用的网络，其传输距离一般在几公里之内，因此适用于一个部门或一个单位组建的网络。例如，办公室网络、企业或学校的主干局域网、机关和工厂等有限范围内的计算机网络等都是典型的局域网。局域网具有数据传输速率高（10Mbps~10Gbps）、误码率低、成本低、组网容易、易管理、易维护、使用灵活方便等优点。

● 城域网。城域网（Metropolitan Area Network，MAN）是介于广域网与局域网之间的一种高速网络，它的设计目标是满足一定范围内的大量企业、学校、公司的多个局域网的互联需求，以实现大量用户之间的信息传输。城域网传输距离一般为几公里至几十公里，传输速率一般在100Mbps以上。

● 广域网。广域网（Wide Area Network，WAN）也称远程网，所覆盖的范围从几十公里到几千公里，它能连接多个城市或国家，或横跨几个洲并能提供远距离通信，形成国际性的远程计算机网络。广域网是由许多交换机组成的，交换机之间采用点到点线路连接，几乎所有的点到点通信方式都可以用来建立广域网，利用电话交换网、光纤、微波、卫星通信网或它们的组合信道进行通信，将分布在不同地区的计算机系统互连起来，达到资源共享的目的。因特网是世界范围内最大的广域网。

2 计算机网络的拓扑结构

计算机网络拓扑是将构成网络的节点和连接节点的链路抽象成点和线，用几何关系表示网络结构，从而反映出网络中各实体的结构关系。链路是网络中相邻两个结点之间的物理通路，结点指计算机和有关的网络设备，甚至指一个网络。常见的网络拓扑结构主要有星形、环形、总线型、树形、网状五种。

（1）星形拓扑

星形拓扑结构是最早的通用网络拓扑结构。是以一台网络集中设备为中心节点，其他外围节点单独连接在中心节点上，如图1-8所示。星形拓扑结构优点是容易实现，节点扩展灵活，移动方便，容易维护。缺点是网络中心节点出现故障会使得整个网络瘫痪。

图1-8 星形拓扑结构图

（2）环形拓扑

节点通过点到点通信线路循环连接成一个闭合环路，如图1-9所示，环路中数据将沿一个方向逐站传送。环形拓扑结构的优点是结构简单，成本低，传输速度较快。缺点是环中任意一个节点出现故障会引起整个网络系统故障，维护困难，难扩展。

（3）总线型拓扑

网络中各个结点由一根总线相连，数据在总线上由一个结点

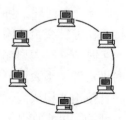

图1-9 环形拓扑结构

传向另一个结点，如图 1-10 所示。总线型拓扑结构的优点是结构简单，实现容易，易于扩展，可靠性较好。缺点是一旦总线发生故障，整个网络或相应的主干网络就不能正常工作。

（4）树形拓扑

树形拓扑结构的节点按层次进行连接，像树一样，有分支、根节点、叶子节点等，如图 1-11 所示，信息交换主要在上、下节点之间进行，适用于汇集信息的应用要求。树形拓扑结构的优点是易于扩展，故障隔离容易。缺点是对根节点的依赖性太大，如果根节点发生故障，则全网不能工作。

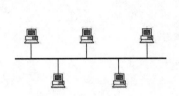
图 1-10　总线型拓扑结构

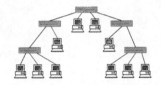
图 1-11　树形拓扑结构

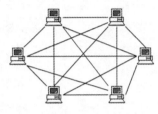
图 1-12　网状拓扑结构

（5）网状拓扑

网状拓扑结构没有明显的规则，节点的连接是任意的，没有规律，如图 1-12 所示。网状拓扑结构的优点是可靠性高，易于扩展，缺点是结构复杂。

3　网络体系结构

计算机网络是一个涉及计算机技术、通信技术等多个领域的复杂系统，要使这个复杂的系统安全有效运行，网络中的各个部分就必须遵守一系列的结构化管理规则，按照高度结构化设计方法采用功能分层原理来实现，每一层的功能需要通过各自不同的网络协议来实现。计算机网络层次化结构模型和各层通信协议的集合称为"网络体系结构"。

（1）OSI/RM 网络体系结构

OSI/RM（Open System Interconnection/Reference Model）即开放式系统互联参考模型，一般称为 OSI 参考模型，是 ISO（国际标准化组织）在 1985 年制定的。OSI 参考模型定义了网络互联的七层框架，由下到上为物理层、数据链路层、网络层、传输层、会话层、表示层、应用层，如图 1-13 所示。每一层实现各自的功能和协议，并完成与相邻层的接口通信。

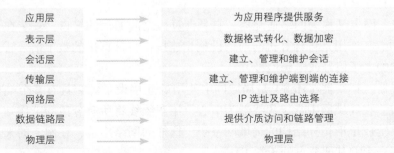

图 1-13　OSI 参考模型

（2）TCP/IP 网络体系结构

因特网的体系结构以 TCP/IP（Transmission Control Protocol/Internet Protocol）参考模型为核心。TCP/IP（传输控制协议 / 网际协议）参考模型分成四个层次，由下到上分别是网络接口层、网际层、传输层、应用层。TCP/IP 参考模型中的各种规定称为 TCP/IP，由网络层的 IP 和传输层的 TCP 组成，TCP/IP 是因特网的基本协议。图 1-14 所示为 OSI 参考模型与 TCP/IP 参考模型的对应关系。

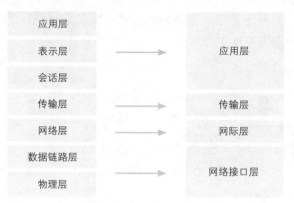

图 1-14 OSI 参考模型与 TCP/IP 参考模型对应关系

计算机网络 2

4 计算机网络的组成

计算机网络系统的组成可分为网络硬件系统和网络软件系统。

（1）网络硬件系统

网络硬件系统是计算机网络的基础。网络硬件系统由计算机、通信设备、连接设备及辅助设备组成。网络硬件系统中设备的组合形式决定了计算机网络的类型。以下是几种网络中常用的硬件设备。

● 传输介质。常用的传输介质有双绞线、同轴电缆、光缆和无线电波等。

● 服务器。服务器是一种管理资源并为用户提供服务的专门计算机，通常分为文件服务器、数据库服务器和应用程序服务器等。相对于普通计算机来说，服务器在稳定性、安全性、性能等方面都有更高要求。

● 工作站。工作站是具有独立处理能力的计算机，它是用户向服务器申请服务的终端设备。用户可以在工作站上处理日常工作，并随时向服务器索取各种信息及数据，如传输文件、打印文件等。

● 网卡。网卡又称为网络适配器，它是计算机之间通信的接口，安装在计算机主板的扩展槽中。其作用是将计算机与通信设施相连接，将计算机的数字信号转换成通信线路能够传送的电子信号或电磁信号。

● 集线器。集线器（Hub）是局域网中使用的连接设备。它具有多个端口，可连接多台计算机。在局域网中常以集线器为中心，用双绞线将所有分散的工作站与服务器连接在一起，形成星形拓扑结构的局域网系统。这样的网络连接，在网上的某个节点发生故障时，不会影响其他节点的正常工作。

●无线 AP。无线 AP 也称无线接入点或无线桥接器，任何一台装有无线网卡的无线设备（手机、笔记本计算机等）通过无线 AP 都可以连接有线局域网络。其主要用于宽带家庭用户、大楼内部、园区内部等需要无线覆盖的地方，覆盖几十米至上百米，无线 AP 设备型号不同，具有的功率不同，可以实现不同程度、不同范围的网络覆盖。

●网桥。网桥也是局域网使用的连接设备。网桥的作用是扩展网络的距离，减轻网络的负载。在局域网中每条通信线路的长度和连接的设备数都是有最大限度的，如果超载就会降低网络的工作性能。对于较大的局域网可以采用网桥将负担过重的网络分成多个网络段，当信号通过网桥时，网桥会过滤非本网段的信号，使网络信号能够更有效地使用信道，从而达到减轻网络负担的目的。

●路由器。路由器是互联网中使用的连接设备。它可以将两个网络连接在一起，组成更大的网络。被连接的网络可以是局域网也可以是互联网，连接后的网络都可以称为互联网。路由器不仅有网桥的全部功能，还具有路径的选择功能。路由器可根据网络上信息拥挤的程度，自动地选择适当的线路传递信息。

（2）软件系统

计算机网络中的软件按其功能可以划分为数据通信软件、网络操作系统和网络应用软件。

●数据通信软件。数据通信软件是指按照网络协议的要求，完成通信功能的软件。

●网络操作系统。网络操作系统是指能够控制和管理网络资源的软件。网络操作系统的功能作用在两个级别上：在服务器机器上，为在服务器上的任务提供资源管理；在每个工作站上，向用户和应用软件提供一个网络环境的"窗口"。这样，向网络操作系统的用户和管理人员提供一个整体的系统控制能力。网络服务器操作系统要完成目录管理、文件管理、安全性、网络打印、存储管理、通信管理等主要服务。工作站的操作系统软件主要完成工作站任务的识别和与网络的连接，即首先判断应用程序提出的服务请求是使用本地资源还是使用网络资源。若使用网络资源则需完成与网络的连接。常用的网络操作系统有 Netware 系统、WindowsNT 系统、UNIX 系统和 Linux 系统等。

●网络应用软件。网络应用软件是指网络能够为用户提供各种服务的软件，如浏览查询软件、传输软件、远程登录软件、电子邮件等。

5 网络协议

在计算机网络中用于规定信息的格式，以及如何发送和接收信息的一套规则或约定，称为网络协议。

（1）网络协议的组成

网络协议由语法、语义和时序三个要素组成。

●语法。语法规定了进行网络通信时，用户数据与控制信息的结构与格式，以及数据出现的顺序。它主要解决"怎么做"的问题。

●语义。语义规定了控制信息每个部分的意义，以及发送主机或接收主机所要完成的工作。它主要解决"做什么"的问题。

课堂随笔

● 时序。时序规定了计算机网络操作的执行顺序，以及通信过程中的速度匹配。它主要解决"做的顺序和速度"的问题。

例如：用户 A 要打电话给用户 B，首先 A 拨 B 的电话号码，B 电话响铃，B 拿起电话，然后 A 和 B 开始通话，通话完毕后，双方挂断电话。在这个过程中，A 和 B 双方遵守了打电话的一系列人为协议。

其中，电话号码是"语法"的一个例子，如电话号码的组成、长途加拨区号、国际长途加拨国家代码等。两人之间的谈话选择使用什么语言也是一种语法约定。A 拨通 B 的电话后，B 的电话响铃，响铃是一个信号，表示有电话打进来，B 选择接电话。这一系列的动作包括了控制信号、响应动作、通信方向等。这是一种"语义"。因为 A 拨了电话，B 的电话才会响，B 听到电话铃声后才会考虑要不要接电话，这一系列事件是按时间顺序发生的，时序关系十分明确。

（2）常见的网络通信协议

常见的网络通信协议有：TCP/IP、IPX/SPX 协议、NetBEUI 协议等。

● TCP/IP

TCP/IP 是一个由众多协议按层次组成的协议簇，规范了网络上的所有通信设备，特别是一个终端与另一个终端之间的数据往来格式及传送方式。TCP/IP 具有很强的灵活性，支持任意规模的网络，几乎可连接所有服务器和工作站，它是因特网赖以工作的基础。

TCP/IP 中最重要的是位于传输层的 TCP 和位于网际层的 IP。IP 也称网际协议，主要将不同格式的物理地址转换成统一的 IP 地址，将不同格式的帧转换为 IP 数据包，从而屏蔽下层物理网络的差异，向上层传输层提供 IP 数据包，实现无连接数据包传送；同时，IP 还有数据包路由选择的功能，即将数据从一个结点按路径传输到另一个结点。TCP 也称传输控制协议，主要向应用层提供面向连接的服务，确保网络上所发送的数据包可以完整接收，一旦有数据包丢失或损坏，则由 TCP 负责将丢失或损坏的数据包重新传输一次，实现数据的可靠传输。

在使用 TCP/IP 时需要进行复杂的设置，每个结点至少需要一个"IP 地址"、一个"子网掩码"、一个"默认网关"、一个"主机名"。

● IPX/SPX 及其兼容协议

IPX/SPX（网际包交换/顺序包交换）是 Novell 公司的通信协议集。IPX/SPX 具有强大的路由功能，适合于大型网络使用。当用户端接入 NetWare 服务器时，IPX/SPX 及其兼容协议是最好的选择。但在非 Novell 网络环境中，IPX/SPX 一般不使用。

● NetBEUI 协议

NetBEUI（增强用户接口）协议是一种短小精悍、通信效率高的广播型协议，安装后不需要进行设置，特别适合于在"网络邻居"传送数据。

第四节 信息素养和职业文化

一 信息素养

1 什么是信息素养

信息素养（Information Literacy）这一概念目前尚未有统一的定义，最早是 1974 年美国信息产业协会主席保罗·泽考斯基（Paul Zurkowski）提出的，他认为信息素养是利用大量的信息工具及主要信息源使问题得到解答的技能。

一般来说，信息素养是一种综合能力，指一个人能够确定何时需要信息，并且具有检索、评价和有效使用所需信息的能力。

2 信息素养的内容

信息素养主要包括四个方面的内容：信息意识、信息知识、信息技能和信息道德。

（1）信息意识

是指信息主体（人）对信息的敏感程度，即人们对信息的自觉需求，是其对外部信息环境的认识和反应。例如：一个人遇到问题能够想到用信息技术来解决。

（2）信息知识

包括信息和信息技术的相关概念、理论和基本知识，只有掌握信息知识才能理解和运用它们。没有足够的信息知识，遇到了问题即使有信息意识也无法找到解决的方法。

（3）信息技能

信息技能是信息素养的核心，指对信息的采集、传输、加工处理和应用的能力，主要包括信息检索、信息获取、信息评价、信息管理等内容。信息检索是人们进行信息查询和获取的主要手段，是信息化时代人们的基本信息素养之一。常常有人将信息检索等同于信息素养，这是不正确的。

（4）信息道德

是指在信息活动中，用于规范人们相互关系的思想观念和行为准则。信息道德是信息意识和信息技能正确应用的保证，以其巨大的约束力在潜移默化中规范人们的信息行为。信息道德作为信息管理的一种手段，与信息政策、信息法律有密切的关系，它们从各自不同的角度实现对人们信息行为的规范和管理。

二 信息社会责任与职业文化

1 信息社会责任

信息社会责任是指在信息社会中，个体在文化修养、道德规范和行为自律等方面应尽的责任。

2 职业文化

职业文化是人们在长期职业活动中逐步形成的价值观念、思维方式、行为规范以及相应的习惯、气质、礼仪与风气。它的核心内容是对职业使命、职业荣誉感、职业心理、职业规范以及职业礼仪的自觉体认和自愿遵从。职业文化具体包括职业道德、职业精神、职业纪律和职业礼仪等。高等职业院校对学生的培养必须要向企业延伸、向职业延伸，加强校企合作、工学结合、产学结合，将职业规范、职业礼仪融入教学环节中，培养学生职业认同感、使命感和荣誉感，为实现制造强国、培养大国工匠奠定基础。

3 信息安全相关法律法规和道德规范

保障信息安全有两道防线：法律和道德，法律是底线——"他律"，道德是红线——"自律"。

（1）相关法律法规

● 1994 年国务院颁布实施的《中华人民共和国计算机信息系统安全保护条例》，是我国第一部保护计算机信息系统安全方面的专门条例，该条例于 2011 年 1 月 8 日修正。

● 2020 年修订的《中华人民共和国刑法》第 285~287 条，对计算机犯罪的相关情况进行了规定。

● 2000 年全国人大常委会通过了《关于维护互联网安全的决定》并于 2011 年进行了修订。

● 2016 年全国人大常委会通过了《中华人民共和国网络安全法》，该法于 2017 年 6 月 1 日起实施。

（2）道德规范

2001 年共青团中央等部门发布《全国青少年网络文明公约》：

要善于网上学习，不浏览不良信息。

要诚实友好交流，不侮辱欺诈他人。

要增强自护意识，不随意约会网友。

要维护网络安全，不破坏网络秩序。

要有益身心健康，不沉溺虚拟时空。

4 个人素养与行业行为自律

高等职业学校的学生要积极培养良好的信息意识，主动学习信息技术知识，提高信息技术的应用能力，遵守相关法律法规，具备高尚的信息道德。具体要做到以下五点：坚守健康的生活情趣，培养良好的职业态度，秉承端正的职业操守，维护核心的商业利益，规避行为的不良记录等。

三　信息安全与国产化替代

信息安全与
国产化替代

生活在当今信息时代，人们在享受信息技术带来极大便利的同时，也面临着越来越严重的信息安全问题。

1　信息安全

国际标准化委员会给出的信息安全的定义是：为数据处理系统而采取的技术和管理的安全保护，保护计算机硬件、软件和数据不因偶然的或恶意的原因而遭到破坏、更改、泄露。信息安全从数据的角度来看待信息的安全和防护，主要包括网络安全、操作系统安全、数据库安全、硬件设备安全、软件开发和应用安全、人员安全等。

网络安全是信息安全的重要方面，指通过采取必要措施，防范对网络的攻击、侵入、干扰、破坏和非法使用以及意外事故，使网络处于稳定可靠运行的状态，以及保障网络数据的完整性、保密性、可用性的能力。信息安全的威胁主要来自于网络，没有网络安全就没有国家安全。

2　信息安全的主要威胁

（1）计算机病毒

计算机病毒是一段人为制造的、能够自我复制的特殊计算机指令或程序代码，具有寄生性、隐蔽性、破坏性、传染性、潜伏性和可触发性等特征。计算机病毒自诞生以来，以其巨大的破坏性被公认为信息安全的头号大敌。中毒的计算机，轻者占用系统资源、降低工作效率，重者数据丢失、系统崩溃，经济损失无法估量。按计算机病毒的感染方式，可将其分为引导区型病毒、文件型病毒、混合型病毒、宏病毒、Internet 病毒等。

例如："震网"病毒是世界上首个网络"超级破坏性武器"，2010 年感染了全球超过 45000 个网络，伊朗遭到的攻击最为严重，60% 的个人计算机感染了这种病毒。病毒的攻击目标直指伊朗的核设施，大约 3 万个网络终端被感染，导致伊朗布什尔核电站放射性物质泄漏，危害不亚于切尔诺贝利核电站事故。

个人使用计算机和网络时应养成良好的习惯防范计算机病毒。例如：安装和及时升级最新的杀毒软件，定时查杀病毒，开启实时监控功能；使用正版操作系统和应用软件并及时升级，不下载来源不明的软件；对于来源不明的邮件及附件慎重打开；不随便浏览或登录陌生的网站；定期备份重要文件等。

（2）网络攻击

网络攻击是指利用网络存在的漏洞和安全缺陷对网络系统的软硬件和数据进行的攻击。网络攻击的发起者有个人和组织，网络攻击也是"黑客"和网络"信息战"采用的

课堂随笔

主要手段。

（3）个人信息泄露

随着人们对互联网的依赖程度不断加深，个人信息泄露问题也日益凸显。恶意程序、钓鱼网站、黑客攻击等事件频发，大量公民个人信息的泄露导致财产巨额损失。

（4）预置陷阱

预置陷阱是指在信息系统中预置一些可以干扰和破坏系统运行的程序或者窃取系统信息的后门。这些预置陷阱通常是软件的编程人员或硬件的设计人员为方便操作而设置的，一般不为人所知。如果需要，他们能通过后门绕过系统的安全检查，以非授权方式访问系统或者激活事先预置好的程序，达到破坏系统运行的目的。实际上，由于商业利益或国家间利益冲突，在操作系统、应用软件和电子元器件设计、制造、封装等环节被人为植入后门是比较常用的手段，这些后门可以窃取他国的装备数据甚至摧毁设备，严重影响信息安全和国家安全。

（5）人为因素

人是信息安全中最重要也是最薄弱的环节，必须加强操作人员安全培训，提升人员的安全意识。人为因素导致的信息安全问题有很多，例如：信息系统管理不规范，存在管理漏洞；操作员安全配置不当造成的安全漏洞；用户安全意识不强，密码设置过于简单等都会对网络安全带来风险。

3 国产化替代的必要性

国产化替代是个人信息安全的需要、商业安全的需要，更是国家安全的需要，当今世界，没有信息安全就没有国家安全，发展自主可控、安全可信的核心基础软硬件技术，是解决受制于人的问题、确保国家安全的必由之路。

4 金山公司和 WPS 办公软件的复兴之路

第一个阶段：个人神话，开局即是巅峰。

1988 年 5 月，金山软件公司的创始人求伯君一个人在深圳的一家酒店，用一台 386 计算机，花了一年半时间写出了第一版的 WPS 的程序。1999 年 WPS1.0 的横空出世填补了国内文字处理软件的空白，之后的六七年里，WPS 迅速占领国内办公软件市场，占有率一度达到 90%。

第二个阶段：艰难前行，盐碱地里种草。

1994 年，微软在引入中文字处理系统 Word4.0 时，主动向金山抛出橄榄枝，希望与 WPS 兼容文件存储格式。金山同意了，并承担了 MS Office 的部分汉化的工作。这为 MS Office 迅速打开我国市场提供了方便之门。

1995 年，MS Office 凭借与 Windows 操作系统捆绑销售成功进入我国市场，以其图形化界面、所见即所得等优势给 WPS 带来巨大冲击。与此同时，WPS 软件研发的方向也出现决策性失误，新产品"盘古"研发失败，公司差点倒闭。1996 年是金山公司最困难的时候，前有微软、后有盗版，求伯君只能靠卖别墅苦苦支撑。

之后，为了支撑 WPS 的研发升级，金山公司依靠开发网络游戏、金山毒霸、金山词霸等其他收入赚钱贴补 WPS。即使这样艰难的时刻，"金山人"也从未放弃，而是扛起了民族软件的大旗艰难前行。1997 年发布 WPS97。1998 年联想公司注资，金山重组。这期间还有我国政府和国有企事业单位的大力支持，坚持购买和使用 WPS，使得金山公司和 WPS 艰难地存活下来，并不断改进升级，渐渐地，用户的使用体验越来越好。2005 年，在微软重拳出击打击盗版时，WPS 宣布个人版永久免费。

第三个阶段：弯道超车，再创辉煌前景。

2011 年，雷军担任金山软件董事长，率先布局移动端办公市场，WPS 向移动互联网转型，用了 3 年的时间耗资 3500 万元重新编写 WPS。随后几年以"三级火箭"的商业变现模式，迅速开启弯道超车，WPS 每年用户的增速达 300%。迅速在移动办公市场占据了领先的位置，目前全球用户超过 3 亿人。

WPS 重新成为最受欢迎的办公软件之一，WPS 的复兴是众多我国企业和研究单位艰难的国产化替代之路的缩影，这其中有政府的支持、同行的帮助，更有几代"金山人"的不懈奋斗。他们坚持技术立业，坚持自主研发，坚持产品制胜，坚持把用户需求放在首位，并且敏锐地把握行业最新增长点。

面对日益严峻的信息安全形势，我们必须坚持并加快国产化替代步伐，逐步构建安全可控的信息技术体系。近年来，我国在移动通信、芯片制造、操作系统、数据库等技术的研发上取得了积极的进展，国产自主化应用的难题正在不断突破。国产化替代之路道阻且长，但勤劳智慧的我国人民和不畏艰难的创业者们必将披荆斩棘、一往无前。

课堂随笔

第二章
WPS 文字编辑

WPS Office 是由金山软件股份有限公司自主研发的一款办公软件套装，可以实现办公软件最常用的文字、表格、演示、PDF 阅读等多种功能，具有内存占用低、运行速度快、云功能多、强大插件平台支持、免费提供海量在线存储空间及文档模板的优点。

WPS 文字是 WPS Office 办公软件套装中的一个重要组成部分，它集文字编辑、页面排版和打印为一体，具有丰富的全屏幕编辑功能，而且还提供了各种控制输出格式及打印功能，使打印出的文稿既美观又规范，基本上能满足各界文字工作者编辑、打印各种文件的需要。

第一节　学习资料的制作

一　任务描述

珍惜粮食是中华民族的传统美德，节约粮食是每个公民应尽的义务。在世界粮食日即将到来的日子，学校通过重温古诗《悯农》唤醒大家节粮爱粮的意识。《悯农》学习资料效果图如图 2-1 所示。

图 2-1　《悯农》学习资料效果图

1　任务要求

（1）页面的设置

● 纸张大小：A4。

● 页边距：上、下 30.4mm，左、右 27.8mm。

（2）查找和替换

● 将"浓密"替换为"农民"。

（3）字符的设置

● 字体设置：第 1 段标题为隶书，2~5 段、9 段、12 段为黑体，其余文字为楷体。

● 字号设置：第 1 段为小初，其余文字为小四。

● 颜色设置：第 1 段为渐变填充"蓝色 – 深蓝渐变"，2、5、9、12 段为标准色蓝色，3、4 段为主题颜色"巧克力黄，着色 6，深色 25%"。

● 字形设置：第 5、9、12 段设置为加粗。

● 着重号设置：对文本"悯"、"禾"和"餐"添加着重号。

● 字符间距设置：第 1 段字符间距加宽 0.3cm。

（4）段落的设置

● 对齐方式设置：第 1~4 段居中对齐。

● 间距设置：从第 5 段到文字末尾行距为 1.2 倍行距，第 9、12 段段前间距为 1 行。

● 项目符号设置：第 6~8 段添加圆形项目符号。

● 缩进设置：第 6~8 段文本之前缩进 0.74cm，10~11 段、13~16 段首行缩进 2 个字符。

（5）图片的设置

● 插入图片"悯农.jpg"。

● 文字环绕方式：四周型环绕。

● 图片位置：6~11 段右边。

● 图片大小：宽度 7cm，高度 5.4cm。

（6）分栏和首字下沉

● 分栏设置：14~16 段分为 2 栏，加分割线，栏间距 2 个字符。

● 首字下沉：将 13 段开头文字"这"设置为首字下沉，下沉 2 行，距正文 0.3cm。

2 　任务分析

1）启动 WPS 文字，打开素材文件"悯农.docx"，设置页边距。

2）利用【开始】|【查找替换】的替换功能批量替换错误的词语。

3）设置文字的字体、字号、字形、颜色、着重号、字符间距等字符格式。

4）设置文字的对齐方式、项目编号、缩进等段落格式。

5）使用【页面布局】|【分栏】对文字进行分栏设置。

6）通过【插入】|【首字下沉】插入并设置首字下沉。

7）插入图片，并利用【图片工具】设置图片的大小、文字环绕方式、图片效果等，调整图片位置。

二　预备知识

在项目实施之前，要先熟悉 WPS 文字的工作界面和相关概念，掌握新建、打开和保存文件，选择文字等基本操作，以便更好地完成项目。

课堂随笔

1 认识 WPS 文字

（1）WPS 文字的启动

通过金山官网下载 WPS Office，下载完成并正确安装后，可通过以下几种方法启动 WPS 文字。

方法 ❶ 双击桌面上的快捷方式图标。在【新建】中选择【文字】，可以选择"新建空白文档""新建在线文档"以及推荐的模板快速建立需要的文档，如图 2-2 所示。

图 2-2 新建文档对话框

方法 ❷ 在程序菜单中启动。在【开始】菜单的【最近添加】或者【WPS Office】中单击启动。

方法 ❸ 启动存在的文档。双击一个已有的 WPS 文档，可启动 WPS 文字。

方法 ❹ 使用新建按钮。在 WPS 中单击加号新建一个文档，选择【文字】|【新建空白文档】，就新建了一个文字文稿。

（2）WPS 文字的工作窗口

若选择【文字】中的【新建空白文档】，将会打开如图 2-3 所示的 WPS 文字的窗口，并自动创建一个名为"文字文稿1"的空白文档。

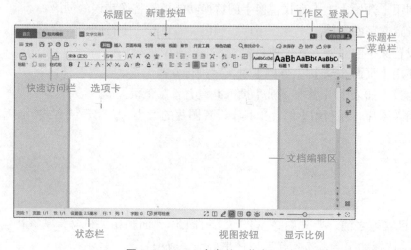

图 2-3 WPS 文字的工作窗口

WPS 文字的工作窗口从上往下依次包括标题栏、菜单栏、文档编辑区、状态栏和视图按钮等。

● 标题栏：位于窗口最上方，主要包括首页、标题区、新建按钮、工作区和登录入口，其功能见表 2-1。

表 2-1 WPS 标题栏组成及其功能说明表

名称	功能
首页	管理所有的文档和文件夹，包括最近打开的文档、计算机上的文档、云文档、回收站等
标题区	显示文档名称，可以快速切换打开的文档
工作区	查看已经打开的所有文档，每一个新窗口是一个新的工作区
登录入口	支持多种登录方式，登录后可以将文档保存到云端

● 菜单栏：位于标题栏下方，从左往右依次包括文件菜单、快速访问栏和选项卡等，其功能见表 2-2 。

表 2-2 WPS 菜单栏组成及其功能说明表

名称	功能
文件菜单	包括打开、新建、保存、打印、加密等功能，还可通过选项设置基本信息和快速访问工具栏等
快速访问栏	默认情况下，包括打开、保存、输出为 PDF、打印、打印预览、撤销、恢复等按钮，还可根据需要自己添加按钮
选项卡	默认情况下，包括开始、插入、页面布局、引用、审阅、视图、章节、开发工具、特色功能九个选项卡，还会根据操作显示其他的选项卡，每一个选项卡分别包含相应的功能组和命令

● 文档编辑区：在此编辑文字文稿的内容。

● 状态栏：可以看到字数和页数，单击字数可以查看详细的字数统计。

● 视图按钮：默认是"页面视图"，在此可以快速切换"全屏显示""阅读版式""写作模式""大纲""Web 版式"和"护眼模式"。

● 显示比例：可调整"页面缩放比例"，拖动滚动条可快速调整，最右侧的是"最佳显示比例"按钮。

（3）WPS 文字的保存

完成文档编辑后，可以通过以下几种方法保存，避免误操作或其他的原因导致文档内容丢失。

方法 ❶ 单击快速工具栏的【保存】按钮。

方法 ❷ 单击【文件】|【保存】命令。

方法 ❸ 使用 <Ctrl+S> 组合键。

课堂随笔

文档第一次保存时，WPS 文字会弹出【另存文件】对话框，提示用户选择保存的位置、文件名和文件类型，如图 2-4 所示。

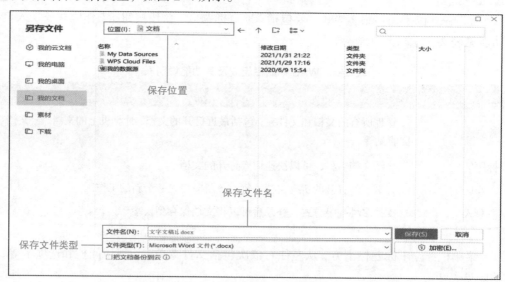

图 2-4 【另存文件】对话框

WPS 文字保存的文件类型默认扩展名为 ".docx"，这是为了更好地与 MS Office 兼容，也可根据需要选择其他的文件类型。

操作提示

因为供电系统不稳定或用户误操作等原因，WPS 文字可能会在用户保存文档之前就意外关闭，未保存的文档就丢失了。针对这种情况，可以使用 WPS 自动保存功能，减少因意外情况而造成的损失，具体操作如下：

1. 保存文档。

2. 在【文件】|【选项】|【备份中心】|【设置】|【备份到本地】|【定时备份时间间隔】中设置具体的时间，这里将时间间隔设置为 5min。此时，如果程序意外关闭，则最多损失意外关闭前 5min 所做的编辑与修改操作。

当文档保存过一次，再次执行保存命令，就不会弹出【另存文件】对话框了，会以现有文件名保存在现在的位置。若要将当前文档保存在其他位置，或以其他名字保存，则可以选择【文件】|【另存为】命令，还可使用【文件】|【输出为 PDF】将文档保存为 PDF 文件。

操作提示

若在保存时忘记选择保存位置，又将文件关闭，此时可以再次启动 WPS，在【文件】|【打开】|【最近使用】文件序列中打开所需要的文件。然后再执行【文件】|【另存为】命令，将文件保存到正确的位置。

（4）WPS 文字的退出

在完成文档编辑后，可使用以下几种方法退出 WPS 文字。

方法❶ 单击窗口右上角的关闭按钮。

方法❷ 单击名称区右边的关闭按钮。

方法❸ 选择【文件】|【退出】命令。

方法❹ 使用 <Ctrl+F4> 组合键。

小试身手

1. 启动 WPS，新建空白文档。

2. 将文档保存在桌面上，文件名为"基本操作 .docx"。

3. 浏览 WPS 文字窗口，退出 WPS。

2 WPS 文本编辑

（1）输入与删除文本

新建空白文档后，编辑区的左上角闪动的光标叫"插入符"，输入的文字会自动显示在插入符所在的位置。随着文字的输入，插入符会自动往后移，输入内容满行后会自动换到下一行开始，满页后会自动生成新的一页。输入和删除文本的一些常用鼠标和键盘操作见表 2-3。

表 2-3 鼠标和键盘操作

操作途径	操作方法	实现目的
鼠标	在无文字处双击	插入符移动到目标处
	在有文字处单击	
键盘	按 <Enter> 键	另起一行，开始新的段落
	按 <Shift+Enter> 组合键	段内换行
	按 <Home> 或 <End> 键	移动至行首或行尾
	按"上""下""左""右"方向键	往上、下、左、右方向移动插入符
	按 <Backspace> 键	删除位于插入符前的字符
	按 <Delete> 键	删除位于插入符后的字符

小试身手

1. 打开文档"基本操作 .docx"。

2. 使用输入文本的常用方法输入文本。

3. 使用 <Backspace> 键和 <Delete> 键删除文本。

4. 显示段落标记。

操作提示

1.在WPS文字中,段落的尾部有段落标记↵,包含段落的格式信息。可通过设置【文件】|【选项】|【视图】|【格式标记】|【段落标记】,或者【开始】|【段落】|【显示/隐藏编辑标记】来显示或隐藏段落标记。

2.段落标记是一种控制符,表明段落结束了,不管视图里面是否显示段落标记,打印出来都不会有段落标记。

(2)选择文本

对文本进行复制、移动等操作时,要先选择文本。选择文本的常用操作见表 2-4。

表 2-4 选择文本的常用操作

实现目的	选择途径	操作方法
选择连续的文本	鼠标	将光标移到需选择的文本开始处,按下左键拖动光标至结尾处松开
	键盘	将插入符移动到需要选择的文本开始出,按下 <Shift> 键并配合方向键移动到结尾处
	鼠标 + 键盘	将光标移到需选择的文本开始处单击,按下 <Shift> 键同时在结尾处单击光标。
选择不连续的文本	鼠标 + 键盘	选择一处文本后,按下 <Ctrl> 键同时选择其他文本
选择一个词语	鼠标	双击要选择的文本
选择一行或多行	鼠标	在行首左边单击并拖动鼠标
选择段落	鼠标	连续三次单击段落
	鼠标 + 键盘	按住 <Ctrl> 键,并在段落任意处单击
选择全文	键盘	按 <Ctrl+A> 组合键
取消选择	鼠标	在编辑区内任意位置单击

小试身手

在文档“基本操作 .docx”中使用选择文本常用操作来选择文本。

(3)复制文本

文本的复制是指将目标文本在其他的位置以同样的形式呈现,原文本保存不变。复制文本的常用方法见表 2-5。

表 2-5 文本复制的常用方法

操作途径	操作方法
鼠标	选择文本后，在浮动工具栏中单击【复制】按钮，如图 2-5a 所示，然后在目标位置粘贴文本
	选择文本后，单击【开始】选项卡中的【复制】按钮，如图 2-5b 所示，然后在目标位置粘贴文本
	选择文本后，右击文本，在快捷菜单中选择【复制】命令，如图 2-5c 所示，然后在目标位置粘贴文本
键盘	选择文本后，按 <Ctrl+C> 组合键，然后在目标位置粘贴文本
鼠标 + 键盘	选择文本后，按住 <Ctrl> 键，拖动选定文本到目标位置

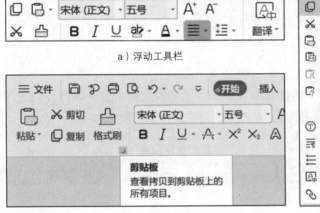

a）浮动工具栏

b）【开始】选项卡

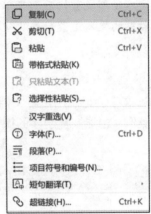

c）快捷菜单

图 2-5 浮动工具栏、【开始】选项卡和快捷菜单

（4）移动文本

文本的移动是指将目标文本移动到其他的位置，原文本不再存在。移动文本的常用方法见表 2-6。

表 2-6 移动文本的常用方法

操作途径	操作方法
鼠标	选择文本后，在工具栏中单击【剪切】按钮，然后在目标位置粘贴文本
	选择文本后，右击文本，在快捷菜单中选择【剪切】命令，然后在目标位置粘贴文本
	选择文本后，单击【开始】选项卡中的【剪切】按钮，然后在目标位置粘贴文本
	选择文本后，拖动选定文本到目标位置
键盘	选择文本后，按 <Ctrl+X> 组合键，然后在目标位置粘贴文本

课堂随笔

（5）粘贴文本

粘贴操作就是把已经复制或剪切的文本插入到文档中的某个位置。粘贴文本的常用方法见表2-7。

表2-7　粘贴文本的常用方法

操作途径	操作方法
鼠标	右击目标处，在快捷菜单中选择【粘贴】命令 单击目标处，单击【开始】选项卡中的【粘贴】按钮
键盘	使用 <Ctrl+V> 组合键

操作提示

1. 文本复制或剪切后都可以粘贴多次。
2. 粘贴的文本是最后一次执行的复制或剪切内容。

（6）恢复与撤销

WPS 文字会记录用户对文档操作的每一步，当编辑过程中发生误操作时，可以撤销刚才的操作，也能恢复刚才的撤销。撤销和恢复的操作方法见表2-8。

表2-8　撤销和恢复的操作方法

操作目的	快速访问工具栏	组合键
撤销	↺	Ctrl+Z
恢复	↻	Ctrl+Y

小试身手

在文档"基本操作.docx"中对文本进行复制和移动，并使用撤销和恢复按钮。

三　任务实施

制作学习资料的流程为：打开素材文档并设置页面，设置文字格式和段落格式，插入并编辑图片，美化页面。

学习资料的
制作 1

1 页面的设置

将文档的纸张大小设置为"A4"，上、下页边距为"30.4毫米"，左、右页边距为"27.8毫米"，操作步骤如下。

步骤 ❶ 启动 WPS，单击【首页】菜单中的【打开】命令，打开"操作素材"文件夹中的文件"悯农.docx"。

步骤 ❷　在【页面布局】选项卡【页面设置】功能组中单击【纸张大小】按钮，选择"A4"。

步骤 ❸　通过调节微调按钮，设置上、下页边距"30.4毫米"，左、右页边距"27.8毫米"，如图2-6所示。

图2-6　【页面布局】选项卡【页面设置】功能组

2 查找和替换

利用WPS文档的查找和替换功能，不仅可以快速地在文档中查找到需要的词语，还可以对查找词语进行替换。

将文本中的"浓密"替换为"农民"，操作步骤如下。

步骤 ❶　在【开始】选项卡【编辑】功能组中单击【查找替换】按钮，或者按<Ctrl+H>组合键。

步骤 ❷　在【查找和替换】对话框的【替换】选项卡中，查找内容设置为"浓密"，替换内容设置为"农民"，单击【全部替换】按钮，如图2-7所示。

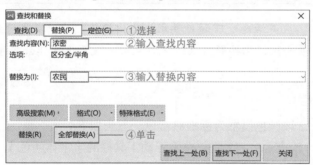

图2-7　【查找和替换】对话框

3 字符的设置

字符格式设置包括字体、字号、字体颜色、加粗、倾斜、下划线、着重号、文本效果等，可利用浮动工具栏（见图2-8）和【开始】选项卡【字体】功能组（见图2-9）来设置。

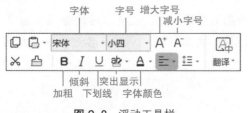 

图2-8　浮动工具栏　　　　　　　　**图2-9**　【开始】选项卡【字体】功能组

（1）字体设置

将第一段标题设置为隶书，2~5 段、9 段、12 段设置为黑体，其余文字设置为楷体。操作方法如下。

方法 ❶　选择第一段标题，在浮动工具栏中的【字体】组合框中选择"隶书"。

方法 ❷　选择第一段标题，在【开始】选项卡【字体】功能组中的【字体】组合框中选择"隶书"。

操作提示 —————————————————————————————

显示文档的段落标记符，能够更加快速地识别自然段。

按同样的方法设置其他文字的字体。

（2）字号设置

字号即是文本的大小。WPS 文字的字号单位有两种，一种是中文中常见的"号"，还有一种是"磅"。

将第一段标题设置为小初，其余文字设置为小四。操作步骤如下。

步骤 ❶　选择全文（使用 <Ctrl+A> 组合键），在浮动工具栏中的【字号】组合框中选择"小四"，或在【开始】|【字体】|【字号】组合框中选择"小四"。

步骤 ❷　选择第一段标题，设置字号为"小初"。

操作提示 —————————————————————————————

在实际操作中，应灵活地处理题目要求，优化操作顺序，提高操作的效率。比如，先设置全文再设置第一段，比按题目表述先设置第一段再设置其余文字的操作简单。

（3）颜色设置

将 2、5、9、12 段颜色设置为标准色蓝色，方法如下。

方法 ❶　选择 2、5、9、12 段，单击浮动工具栏的【字体颜色】下拉按钮，选择标准色"蓝色"。

方法 ❷　选择 2、5、9、12 段，在【开始】选项卡【字体】功能组中的【字体颜色】下拉按钮中选择标准色"蓝色"。

按同样的方法将第一段标题颜色设置为渐变填充"蓝色 – 深蓝渐变"，3、4 段颜色设置为主题颜色"巧克力黄，着色 6，深色 25%"。

操作提示 —————————————————————————————

1. 每个颜色都有自己的名称，光标在颜色上悬停一会，颜色名称就会显示出来。

2. 快速设置文本格式的前提是能迅速地选择文本，熟练地掌握各种选择文本的技巧是提高操作速度的基础。

（4）字形设置

按照前面介绍的方法，使用【开始】|【加粗】命令将第 5、9、12 段设置为加粗。

（5）着重号设置

按照样文对文字"悯""禾"和"餐"添加着重号，操作步骤如下。

步骤 ❶　选择文字"悯""禾"和"餐"。

步骤 ❷　单击【开始】|【字体】|【对话框启动器】按钮，打开【字体】对话框。

步骤 ❸　在【所有文字】选项组【着重号】组合框中选择"."号，单击【确定】按钮，如图 2-10 所示。

（6）字符间距设置

将第 1 段标题字符间距设置为加宽 0.3cm，操作步骤如下。

步骤 ❶　选择第一段标题。

步骤 ❷　右击选定文本，在快捷菜单中选择【字体...】命令，打开【字体】对话框。

步骤 ❸　选择【字符间距】选项卡，在【间距】下拉菜单中选择【加宽】选项，调整【值】数值框为"0.3"，单击【确定】按钮，如图 2-11 所示。

图 2-10　设置着重号　　　　　　　　　图 2-11　设置字符间距

4　段落的设置

段落格式包括对齐方式、缩进、段间距与行间距、项目符合和编号、边框和底纹等。可利用如图 2-12 所示浮动工具栏和如图 2-13 所示【开始】选项卡【段落】功能组来设置。

（1）对齐方式设置

将 1~4 段设置为居中对齐，操作方法如下。

方法 ❶　选择 1~4 段，在浮动工具栏中单击【对齐】下拉按钮，选择"居中对齐"。

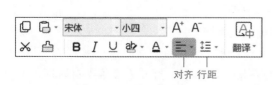

图 2-12　浮动工具栏

图 2-13　【开始】选项卡【段落】功能组

方法 ❷ 选择 1~4 段，单击【开始】选项卡【段落】功能组中的【居中对齐】按钮。

操作提示 ——————————————————————————

WPS 文字提供了左对齐、居中对齐、右对齐、两端对齐和分散对齐 5 种对齐方式，默认为两端对齐。只有段落最后一行不满行的情况下，分散对齐和两端对齐才会在最后一行有区别。

（2）间距设置

间距包括行间距和段间距。行间距是指段落内行与行之间的距离，段间距是指段与段之间的距离。

将第 5 段到文字末尾行距设置为 1.2 倍行间距，操作如下。

步骤 ❶ 选择第五段到文字末尾。

步骤 ❷ 单击【开始】|【段落】|【行距】下拉按钮，从列表中选择【其他 ...】选项，打开【段落】对话框。

步骤 ❸ 在【间距】选项组【行距】下拉菜单中选择【多倍行距】选项，【设置值】中输入"1.2"，单击【确定】按钮，如图 2-14 所示。

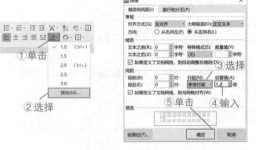

将第 9、12 段段前间距设置为 1 行，操作如下。

步骤 ❶ 选择不连续文本第 9 段和 12 段。

步骤 ❷ 单击【开始】|【段落】|【对话框启动器】，打开【段落】对话框。

步骤 ❸ 在【间距】选项组中，调整【段前】的值为"1"，单击【确定】按钮。

图 2-14 设置行距

（3）项目符号设置

对 6~8 段添加圆形项目符号，操作步骤如下。

步骤 ❶ 选择 6~8 段文本。

步骤 ❷ 单击【开始】|【段落】|【项目符号】下拉按钮，在列表中选择圆形项目符号，如图 2-15 所示。

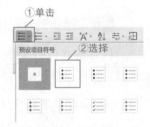

图 2-15 设置项目符号

（4）缩进设置

段落的缩进指的是段落边缘与编辑页面边缘的相对距离，在 WPS 文字中使用"文本之前"和"文本之后"来确定左右两侧的缩进距离。

将第 6~8 段左缩进设置为 0.74cm，操作步骤如下。

步骤 ❶ 选择 6~8 段文本。

步骤 ❷ 单击【开始】|【段落】|【对话框启动器】，打开【段落】对话框。

步骤 ❸ 在【缩进】选项组中，选择【文本之前】的单位为"厘米"，调整值为"0.74"，单击【确定】按钮，如图 2-16 所示。

第 10、11 段、13~16 段首行缩进 2 个字符，操作步骤如下。

步骤 ❶ 选择 10、11 段、13~16 段文本。

步骤 ❷ 右击选定文本，在快捷菜单中选择【段落 ...】命令，打开【段落】对话框。

步骤 ❸ 在【缩进】选项组【特殊格式】下拉菜单中选择【首行缩进】选项，调整【度量值】为"2"，单击【确定】按钮，如图 2-17 所示。

图 2-16　设置缩进　　　　　图 2-17　设置首行缩进

学习资料的
制作 2

5　图片的设置

（1）插入图片

在文档中插入图片"悯农 .jpg"，操作如下。

步骤 ❶ 将插入符定位在要插入图片的位置。

步骤 ❷ 单击【插入】选项卡的【图片】下拉按钮，打开【插入图片】对话框，位置选择"第一节 \ 操作素材"，选择"悯农 .jpg"，然后单击【确定】按钮。

（2）编辑图片

将插入图片的文字环绕方式设置为"四周型环绕"，图片大小设置为宽度 7cm，高度 5.4cm，调整图片位置，置于 6~11 段右边，操作步骤如下。

步骤 ❶ 选择图片。

步骤 ❷ 在弹出的【快速工具栏】中单击【布局选项】按钮，在列表中选择【文字环绕】里的【四周型环绕】。

步骤 ❸ 在【图片工具】选项卡【大小和位置】功能组中，输入高度值为"5.4 厘米"，宽度值为"7 厘米"，如图 2-18 所示。

步骤 ❹ 用鼠标拖动图片移动至 6~11 段右边。

图 2-18　编辑图片

6　分栏和首字下沉

（1）设置分栏

将 14~16 段分为等宽两栏，加分割线，栏间距为 2 个字符。操作步骤如下。

步骤 ❶ 选择 14~16 段文本。

步骤 ❷ 单击【页面布局】选项卡【页面设置】功能组中的【分栏】下拉按钮，在列表中选择【更多分栏...】，打开【分栏】对话框。

步骤 ❸ 在【预设】选项组中选择【两栏】选项，选中【分隔线】复选框，调整【间距】为"2"字符，单击【确定】按钮，如图 2-19 所示。

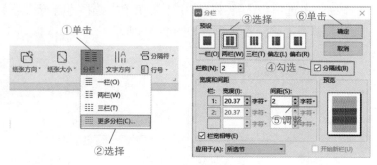

图 2-19 设置分栏

操作提示

1.若要对已分栏的段落取消分栏，选择段落后，单击【页面布局】|【页面设置】|【分栏】下拉按钮，在列表中选择【一栏】命令。

2.WPS 文字会根据设置，自动对选定的段落分栏，可能会出现左边文字特别多、右边文字特别少的情况，先将插入符定位在要调整文字的位置，再单击【页面布局】|【页面设置】|【分隔符】下拉按钮，在列表中选择【分栏符】命令，这样，插入点以后的文字就移到下一栏中。

（2）首字下沉

将 13 段开头文字"这"设置为首字下沉，下沉 2 行，距正文 0.3cm，操作步骤如下。

步骤 ❶ 将插入符定位在 13 段。

步骤 ❷ 单击【插入】选项卡【文本】功能组中【首字下沉】按钮，打开【首字下沉】对话框，在【位置】选项组中选择【下沉】选项，调整【下沉行数】为"2"，调整【距正文】为"0.3"厘米，单击【确定】按钮，如图 2-20 所示。

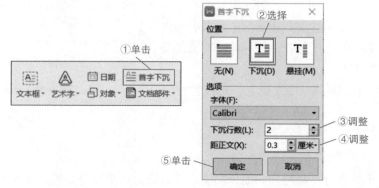

图 2-20 设置首字下沉

四　思维导图

本节知识结构（文档排版思维导图）如图 2-21 所示。通过对文档的编辑和美化，介绍了页面设置、字符段落格式设置以及图文混排的简单应用等知识。

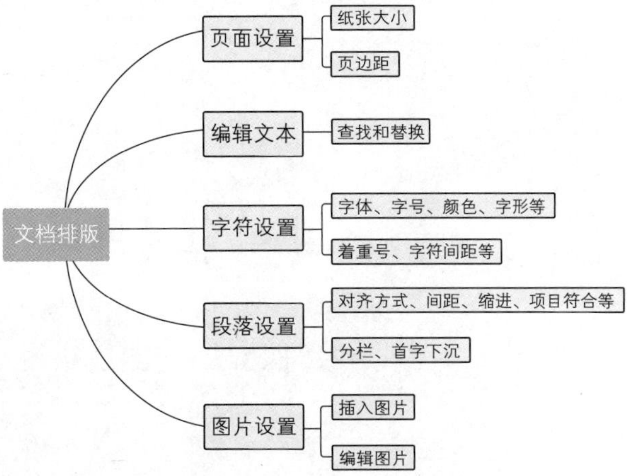

图 2-21　文档排版思维导图

五　课堂练习

打开"课后练习 2-1.docx"，完成如下操作。

1. 将纸张大小设为 16 开，上边距 50mm，下、左、右边距均为 20mm。

2. 将文字中所有"同行"替换为"通信"。

3. 将标题段文字（"第五代移动通信技术"）设置为三号、黑体、红色、加粗、倾斜、居中。

4. 将正文（"近年来 …… 发展新一代 5G 移动通信网络。"）设置为小四号楷体；各段落文本之前、之后均缩进 1 字符，首行缩进 2 字符，1.5 倍行距，段前、段后各间距 0.5 行。

5. 将正文第一段设置首字下沉，字体隶书，下沉行数 3 行，距正文 4mm。

6. 将正文第二段分为等宽两栏，栏宽 18 字符，栏间加分隔线。

第二节　招聘启事的制作

一　任务描述

某公司因业务需要，现需招聘经理助理、销售专员和导购员若干，公司人事处张经理让小刘利用 WPS 文档为其设计招聘启事，其效果如图 2-22 所示。

1　任务要求

（1）页面设置

● 页面背景：页面背景填充效果为图案"浅色上对角线"，前景色为橙色，背景色为"橙色，着色4，浅色60%"。

图 2-22　招聘启事

（2）形状和图片编辑

● 矩形设置：绘制矩形作为背景，填充色为"白色，背景1"，轮廓色为"橙色"。

● 圆形设置：绘制多个不同颜色的正圆，两两排列组合，放在合适的位置。

● 图片设置：插入图片"team.jpg"，设置背景透明，调整图片大小和位置。

（3）艺术字、文本框和云字体的应用

● 艺术字设置：插入艺术字，字号为72磅，样式为"填充-橙色，着色4，软边缘"，阴影为"右下斜偏移"，转换效果为"波形2"。

● 招聘信息文本框设置：插入文本框，高度为8.39cm，宽度为4.86cm，轮廓无线条颜色，填充颜色从左往右依次为"巧克力黄，着色2，浅色60%""灰色-25%，背景2，深色10%""矢车菊蓝，着色1，浅色60%"。

● 招聘信息文字设置："经理助理""销售专员"和"导购员"设置字号为28磅、标准色蓝色、加粗、居中对齐，其他文字为黑体、小四、"白色，背景1"，第二行带括号文字字号为三号，居中对齐。

　　●公司信息设置：插入文本框，轮廓无线条颜色，输入文字，字号为小一，标准色蓝色。

　　●WPS 云字体设置：艺术字字体为云字体"汉仪铁线黑 –65 简"，招聘信息的标题为云字体"站酷快乐体"，公司信息字体为"站酷文艺体"。

2 任务分析

1）启动 WPS 文字，新建空白文档，保存为"招聘启事.docx"，设置页面背景颜色。

2）利用【插入】|【形状】绘制矩形，调整其大小、颜色和位置。

3）绘制正圆，设置颜色和大小，利用对齐、组合和复制等功能，做不同效果装饰页面。

4）插入图片，并利用【图片工具】设置图片的大小、文字环绕方式、背景透明等，调整图片位置。

5）插入艺术字，并利用【文字工具】设置文本效果。

6）插入文本框，利用【绘图工具】设置其填充色和边框，利用对齐调整位置，输入文字并设置其格式。

7）利用【开始】|【字体】下载 WPS 云字体并应用于文字。

二　预备知识

在项目实施之前，要先熟悉形状的插入、美化和云字体的应用等基本操作，以便于更好地完成项目的实施。

1 形状编辑

（1）插入形状

WPS 文字中的图形类对象包括图片、形状、水印、素材库中的智能图形、图表以及文本框、艺术字等，对它们的操作很多都是相通的。插入形状的步骤如下。

步骤❶　在【插入】选项卡中单击【形状】下拉按钮。

步骤❷　在列表中选择"笑脸"，在文档中按住鼠标左键拖动，然后松开鼠标。

操作提示

1. 鼠标拖动时按住 <Shift> 键可以等比例绘制形状。

2. 绘制完后，右击形状，选择快捷菜单的【添加文字】，可以输入文本。

3. 单击形状选择一个形状，按住<Shift> 键 + 单击形状可以选择多个形状。

小试身手

1. 新建 WPS 文字，保存为"形状练习 .docx"。

2. 绘制形状"笑脸"和"十六角星"。

（2）调整形状位置、大小和旋转角度

图形绘制完后，可以调整图形的大小、位置和旋转角度，方法如下。

方法❶ 选择形状后，拖动形状周围白色控制点可以调整大小；拖动旋转按钮可以旋转形状；拖动黄色控制点可以改变形状；放在形状里面，光标变成四向箭头时拖动鼠标可以移动形状的位置，如图 2-23a 所示。

方法❷ 选择形状后，利用【绘图工具】选项卡的【高度】和【宽度】调整大小，利用【旋转】下拉按钮旋转形状，如图 2-23b 所示。

方法❸ 选择形状后，单击【绘图工具】选项卡【大小和位置】功能组的【对话框启动器】，打开【布局】对话框，在【位置】选项卡中调整形状位置，【大小】选项卡中设置高度、宽度和旋转角度，如图 2-23c、d 所示。

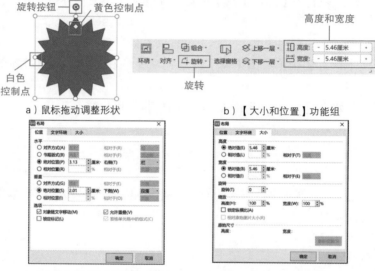

a）鼠标拖动调整形状　　　　　b）【大小和位置】功能组

c）【布局】对话框【位置】选项卡　　　d）【布局】对话框【大小】选项卡

图 2-23 调整形状的位置、大小和旋转角度

小试身手

调整"笑脸"和"十六角星"的大小和旋转角度，让"十六角星"比"笑脸"大。

（3）美化形状

形状美化包括设置形状的填充色、线条、阴影和三维等，方法如下。

方法❶ 选择形状，通过【绘图工具】选项卡【设置形状格式】功能组来设置，如图 2-24a 所示。

方法❷ 选择形状，利用弹出的【快速工具栏】设置，如图 2-24b 所示。

小试身手

1. 设置"笑脸"的填充色为"红色"。

2. 设置"十六角星"的填充色为"黄色"。

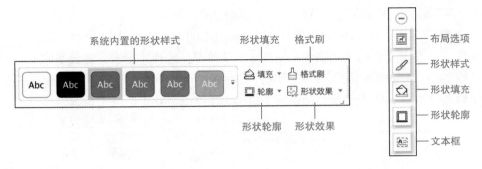

a)【设置形状格式】功能组   b)【快速工具栏】

图 2-24 美化形状

（4）对齐、叠放和组合形状

如果有多个形状，可以利用【绘图工具】选项卡【大小和位置】功能组的对齐按钮快速地将多个形状设置为靠上对齐、靠左对齐、等高等宽等。可以调整形状之间的叠放次序，默认情况下，先绘制的形状位于最底层。还可以把多个形状组合为一个形状，也可以把组合的对象取消组合，如图 2-25 所示。

小试身手

1. 右击"笑脸"选择快捷菜单中的【置于顶层】。

2. 选择"笑脸"和"十六角星"，单击【绘图工具】|【对齐】|【水平居中】，然后再次单击【垂直居中】

3. 单击【绘图工具】|【组合】|【组合】。

操作提示

单击选中组合后的形状，可以调整组合体的大小、颜色和位置等。再次单击组合体里的某个形状，可以单独选择这个形状，如图 2-26 所示。

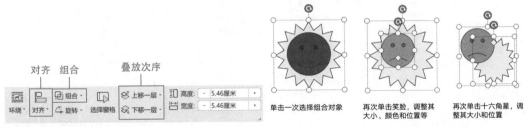

图 2-25 【大小和位置】功能组   图 2-26 调整组合对象

2 WPS 云字体应用

（1）下载云字体

在 WPS 文字中，不仅可以利用计算机已安装的字体设置文字，还可以利用 WPS 的云功能下载字体，下载云字体的步骤如下，如图 2-27 所示。

步骤 ❶ 若没有用 WPS 账号登录，单击右上角的【访客登录】注册登录。

步骤 ❷ 单击【开始】选项卡【字体】下拉菜单，选择【查看更多云字体】。

步骤 ❸ 在对话框中选择【免费字体】，光标移动到字体预览图上，单击【查看字体】。

步骤 ❹ 在弹出的【授权范围说明】里单击【继续下载】即可下载云字体。

图 2-27 下载云字体

（2）应用云字体

云字体下载完后，显示在【开始】选项卡的【字体】下拉菜单中，选择即可应用，如图 2-28 所示。

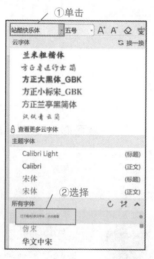

图 2-28 应用云字体

招聘启事的制作 1

三 任务实施

1 页面设置

将页面背景填充效果设置为图案"浅色上对角线"，前景色为橙色，背景色为"橙色，着色 4，浅色 60%"。操作步骤如下。

步骤❶　单击【页面布局】选项卡的【背景】下拉按钮，选择【其他背景】中的【图案】。

步骤❷　在弹出的【填充效果】对话框的【图案】选项卡中，选择"浅色上对角线"图案，单击【前景】下拉按钮选择"橙色"，单击【背景】下拉按钮选择"橙色，着色4，浅色60%"，单击【确定】按钮。

2 形状和图片编辑

（1）矩形设置

绘制矩形作为背景，填充色为"白色，背景1"，轮廓色为"橙色"。操作步骤如下。

步骤❶　单击【插入】|【形状】下拉按钮，选择矩形，在页面中拖动绘制矩形，按样图调整到合适的大小和位置。

步骤❷　单击【绘图工具】|【填充】下拉按钮，选择"白色，背景1"。

步骤❸　单击【绘图工具】|【轮廓】下拉按钮，选择"橙色"。

（2）圆形设置

绘制多个不同颜色的正圆，两两排列组合，放在合适的位置。操作步骤如下。

步骤❶　单击【插入】|【形状】下拉按钮，选择"椭圆"，按住 <Shift> 键并拖动鼠标绘制正圆，填充"橙色"，【绘图工具】|【轮廓】下拉按钮中选择"无线条颜色"。

步骤❷　再绘制一个正圆，填充"白色"，轮廓为"无线条颜色"。

步骤❸　将2个圆叠放在一起，选择2个圆，在浮动工具栏中单击【组合】按钮。

步骤❹　将组合后的圆复制粘贴2次，调整其大小，填充颜色和调整位置，最后按样图放在合适的位置。

（3）图片编辑

插入图片"team.jpg"，设置背景透明，调整图片大小和位置。操作步骤如下。

步骤❶　插入图片"team.jpg"。

步骤❷　单击浮动工具栏的【布局选项】按钮，选择"浮于文字上方"，调整图片大小和位置。

步骤❸　单击【图片工具】选项卡的【抠除背景】下拉按钮，选择【设置透明色】，光标变成笔状形式，单击图片的白色背景即可，如图2-29所示。

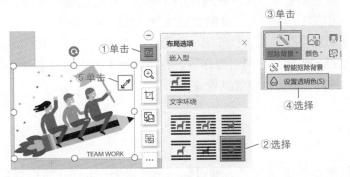

图 2-29　图片编辑

3　艺术字、文本框和云字体

招聘启事的制作 2

（1）艺术字设置

插入艺术字，字号为 72 磅，样式为"填充 – 橙色，着色 4，软边缘"，阴影为"右下斜偏移"，转换效果为"波形 2"。操作步骤如下。

步骤❶　单击【插入】选项卡【艺术字】下拉按钮，选择样式"填充 – 橙色，着色 4，软边缘"。输入文字"我们需要你"，单击【开始】|【字号】下拉按钮，设置字号为 72 磅。

步骤❷　单击【文本工具】选项卡的【文本效果】下拉按钮，选择【阴影】里的"右下斜偏移"。

步骤❸　单击【文本工具】|【文本效果】下拉按钮，选择【转换】里的"波行 2"。

（2）文本框设置

插入文本框，高度为 8.39cm，宽度为 4.86cm，轮廓无线条颜色，填充颜色从左往右依次为"巧克力黄，着色 2，浅色 60%""灰色 –25%，背景 2，深色 10%""矢车菊蓝，着色 1，浅色 60%"。操作步骤如下。

步骤❶　单击【插入】选项卡【文本框】下拉按钮，选择"横向文本框"，光标变成十字形，在文档中单击，即绘制了一个横行文本框。

步骤❷　单击【绘图工具】选项卡，在高度框中输入"8.39 厘米"，宽度框中输入"4.86 厘米"，按 <Enter> 键确定。

步骤❸　单击【绘图工具】|【填充】下拉按钮，选择"巧克力黄，着色 2，浅色 60%"，在【轮廓】下拉按钮中选择"无线条颜色"。

步骤❹　对文本框复制粘贴 2 次，按样图调整三个文本框的位置，利用【对齐】按钮排列整齐，按任务要求设置第二个和第三个文本框的填充色和轮廓。

步骤❺　按样图输入文字，将"经理助理""销售专员"和"导购员"设置字号为 28 磅、标准色蓝色、加粗、居中对齐，其他文字为黑体、小四、"白色，背景 1"，第二行带括号文字为三号，居中对齐。

按同样的方法再次插入文本框，轮廓无线条颜色，输入公司信息，设置字号为小一，颜色蓝色。

（3）WPS 云字体设置

将艺术字字体为云字体"汉仪铁线黑 –65 简"，招聘信息的标题字体为云字体"站酷快乐体"，公司信息的字体为"站酷文艺体"。操作步骤如下。

步骤❶　下载云字体"汉仪铁线黑 –65 简""站酷快乐体"和"站酷文艺体"。

步骤❷　选择艺术字"我们需要你"，在【开始】|【字体】列表中选择"汉仪铁线黑 –65 简"，按同样的方法设置其他文字。

四　思维导图

本节知识结构如图 2–30 所示。通过制作招聘启事，介绍了页面背景设置，形状、图片、文本框、艺术字的插入和编辑，以及云字体的应用等知识。

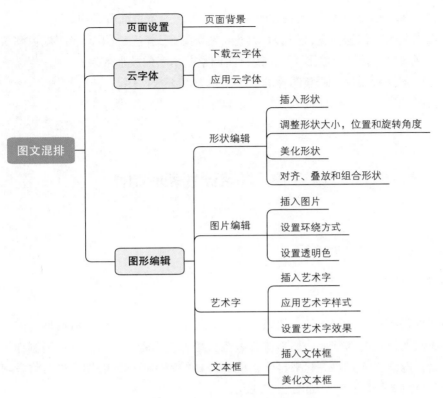

图 2-30　图文混排思维导图

五　课堂练习

利用"课后练习 2-2"文件夹中的素材制作"认知比努力更重要 .docx",效果如图 2-31 所示,要求如下。

图 2-31　课后练习 2-2 效果图

1.将纸张大小设为 A4，纸张方向为"横向"，设置页面背景图片。

2.插入艺术字作为标题，样式为"填充–矢车菊蓝,着色1,阴影"，字体为"华文行楷"，加粗，文字效果为转换"波形 1"，按样图调整艺术字的波形效果。

3.按样图插入图片，调整图片的大小、位置和叠放次序。

4.按样图插入文本框，输入文字，设置字体、字号和行距。

第三节　学习计划表的制作

一　任务描述

为了促进孩子的健康成长、快乐学习，老师要求同学们合理安排假期时间，在保质保量完成假期作业的基础上，加强体育锻炼，培养艺术爱好。因此，小明制作了每日学习计划表，邀请爸爸妈妈一起来打分，检查每日的完成情况，假期完成后将学习计划表打印出来交给老师，其效果如图 2–32 所示。

今日事今日毕,勿将今事待明日

学习计划表（1 月 21 日）

序列	时间	学习内容	完成评价 (1-10分)
1	6:30-7:30	起床、洗漱、吃早饭	
2	7:30-9:20	早读英语和语文	
3	9:30-11:30	写寒假作业	
4	11:40-13:30	吃午饭、午睡	
5	14:00-16:00	上美术课	
6	16:30-17:30	上钢琴课	
7	18:00-19:30	吃晚饭、课外阅读	
8	19:30-21:00	打乒乓球	
9	21:30-22:30	看电视	
10	22:30-23:00	洗澡上床睡觉	
总计			
小结			

今日事今日毕,勿将今事待明日

学习计划表（1 月 22 日）

序列	时间	学习内容	完成评价 (1-10分)
1	6:30-7:30	起床、洗漱、吃早饭	
2	7:30-9:20	早读英语和语文	
3	9:30-11:30	写寒假作业	
4	11:40-13:30	吃午饭、午睡	
5	14:00-16:00	上美术课	
6	16:30-17:30	上钢琴课	
7	18:00-19:30	吃晚饭、课外阅读	
8	19:30-21:00	打乒乓球	
9	21:30-22:30	看电视	
10	22:30-23:00	洗澡上床睡觉	
总计			
小结			

图 2–32　学习计划表

1 任务要求

（1）制作表格

●插入表格：打开操作素材文件夹中的"学习计划表 .docx"，"学习计划表"为表格标题，将表格标题下方文本转换成 4 列 13 行表格。

●设置行高列宽：第 1 行行高为 1.7cm，2~12 行行高为 1.3cm，13 行行高为 4.3cm。

●合并单元格：将第 12 行 1~3 单元格、第 13 行 2~4 单元格分别合并为一个单元格。

●单元格对齐方式设置：第 3 列 2~11 单元格对齐方式为中部两端对齐，其余单元格水平居中。

●设置文字方向：第 13 行第一个单元格的文字方向为"垂直方向从右往左"。

●边框底纹设置：设置表格外边框为 3 磅单实线、12 行上下边框为 0.5 磅双实线、其余内边框为 1 磅单实线，第 1 行底纹颜色为"车矢菊蓝，着色 1，浅色 60%"。

（2）设置页眉、页脚和页码

●添加页眉：内容为"今日事今日毕，勿将今事待明日"，小四，居中对齐，添加页眉横线。

●添加页脚：内容为"书山有路勤为径"，居中对齐。

●添加页码：在页眉外侧插入页码。

（3）邮件合并

●数据源设置：新建数据文档"日期 .docx"，输入日期数据。

●打开数据源：在"学习计划表 .docx"中打开数据源"日期 .docx"。

●插入合并域：在标题后面插入合并域"日期"。

●合并到新文档：邮件合并为新文档"学习计划打卡表 .docx"。

（4）表格计算

在邮件合并后的新文档"学习计划打卡表 .docx"中，利用 sum 求和函数计算每日总分。

（5）多人协作

将新文档"学习计划打卡表 .docx"协作分享给家庭成员共同打分。

（6）打印预览

将新文档"学习计划打卡表 .docx"双面打印。

2　任务分析

1）启动 WPS 文字，打开"学习计划表 .docx"，利用【插入】|【表格】|【文本转换成表格】将标题下方文本转换成 4 列 13 行表格。

2）利用【表格工具】设置行高列宽、合并单元格和单元格对齐方式。

3）利用【表格样式】设置表格边框和底纹。

4）使用【插入】添加页眉、页脚和页码，并设置其格式。

5）新建文档"日期 .docx"，并输入内容日期。

6）利用【邮件合并】对文档"学习计划表 .docx"进行邮件合并生成新文档，保存为"学习计划打卡表 .docx"。

7）将"学习计划打卡表 .docx"分享给家庭成员共同编辑。

课堂随笔

8）家庭成员打分完成后，利用 sum 函数计算每日总分。

9）预览和打印。

二 预备知识

表格的制作

1 表格应用

（1）创建表格

WPS 文字中经常用表格陈列数据，是一种组织整理数据的手段。表格是由水平的行和垂直的列组成，行列交错形成的方格称为单元格。可以在单元格中输入文字、插入图形等对象，制作课程表、考核表和个人简历等。

（2）快速插入表格

步骤❶ 单击【插入】选项卡【表格】下拉按钮。

步骤❷ 光标经过弹出的菜单中的方格，即可决定插入表格的行列数，再次单击鼠标，即可插入指定列数和行数的表格。最多可插入 8 行 17 列表格，如图 2-33 所示。

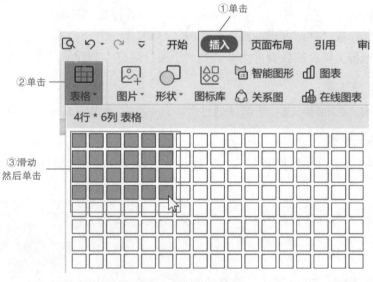

图 2-33 快速插入表格

操作提示

1. 和输入文字一样，创建表格也是显示在插入符所在的位置。

2. 若要在表格下方创建新表格，插入符要与上一个表格之间空一行，否则，新创建的表格会与上一个表格合并。

（3）通过对话框插入表格

如果行数和列数超出 8 行 17 列，可以使用菜单命令创建表格，操作步骤如下：

步骤❶　单击【插入】选项卡【表格】下拉按钮，选择【插入表格】命令。

步骤❷　在【插入表格】对话框中设置列数和行数，单击【确定】按钮即可创建表格，如图 2-34 所示。

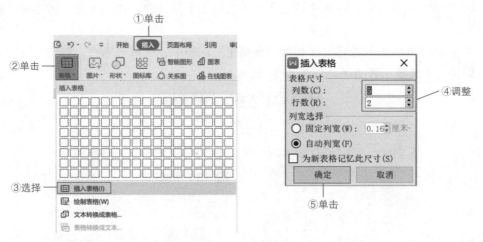

图 2-34　通过对话框插入表格

操作提示

1. 选择【固定列宽】，可以直接输入所需的列宽值。
2. 选择【自动列宽】，创建表格的总宽度和页面可编辑区域等宽。
3. 勾选【为新表格记忆此尺寸】，则本次的设置成为以后创建新表格的默认值。

（4）绘制表格

如果需要创建不规则表格，可以使用绘制表格的方法创建表格。操作步骤如下。

步骤❶　单击【插入】|【表格】|【绘制表格】命令，光标变成笔的形状。

步骤❷　在文档编辑区按下并拖动鼠标，光标右下角会显示行列数，松开鼠标即可创建表格。

步骤❸　在表格内按下并拖动鼠标绘制行线和列线，绘制完成后按 <ESC> 键退出绘制状态，如图 2-35 所示。

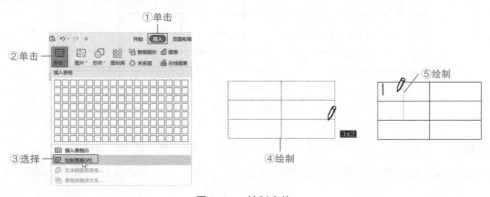

图 2-35　绘制表格

（5）文本转换成表格

用特定分隔符（如制表符、空格、逗号等）分隔的文本，可以直接转换成表格，操作步骤如下。

步骤 ❶ 选择文本，单击【插入】|【表格】下拉按钮，选择【文本转换成表格】命令。

步骤 ❷ 在弹出的【将文字转换成表格】对话框中，选择分隔符，单击【确定】按钮，即将文本转换成表格了，如图 2-36 所示。

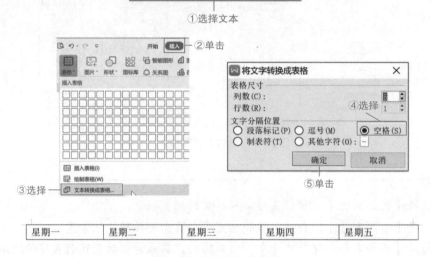

图 2-36 文本转换成表格

小试身手

1. 新建 WPS 文字，保存为"课程表 .docx"。

2. 创建 7 行 6 列表格，按样图在单元格内输入内容，如图 2-37 所示。

	星期一	星期二	星期三	星期四	星期五
一					
二					
三					
四					
五					
六					

图 2-37 创建课程表

操作提示

当插入符显示在单元格内时，可利用上、下、左、右方向键快速移动插入符的位置。

还可以使用 <Tab> 键将插入符向右移动，当移动至该行最后一个单元格时，按 Tab 键，光标会自动移至下一行的第一个单元格中，若移至表格最后一个单元格，按 Tab 键，光标会自动新增一行。

（6）选择表格、行、列和单元格

对表格进行编辑之前，需要先选择要编辑的单元格、行、列或整个表格。选择单元格、行、列和表格的方法见表 2-9。

表 2-9　选择单元格、行、列和表格的方法

选择对象	操作方法
选择整个表格	光标移至表格区域，此时表格左上角将出现 ⊕ 图标，单击该图标可以选择整个表格
选择行	光标移至行的左侧，变成 ⬈ 形状时，单击鼠标选择该行
选择列	光标移至列的上方，变成 ↓ 形状时，单击鼠标选择该列
选择单元格	光标移至单元格的左下角，变成 ⬈ 形状时，单击鼠标选择该单元格
选择连续区域	选择行、列或单元格时，按住 <Shift> 键，可选择连续的行、列或单元格
选择不连续区域	选择行、列或单元格时，按住 <Ctrl> 键，可选择不连续的行、列或单元格

（7）调整表格结构

选择表格、行、列或单元格后，可利用【表格 工具】选项卡来调整表的结构，比如添加 / 删除行和列、合并拆分单元格、调整行高列宽等，如图 2-38 所示。

图 2-38　调整表格结构

小试身手

1. 设置课程表所有单元格的宽度为 2cm，高度为 1cm。
2. 在第五行下方插入一行。
3. 合并第六行的 1~7 单元格。过程如图 2-39 所示。

（8）美化表格

● 对齐方式

方法 ❶　使用【开始】选项卡的段落对齐按钮设置表格的对齐方式。

方法 ❷　使用【表格工具】选项卡的【对齐方式】按钮来设置，如图 2-40 所示。

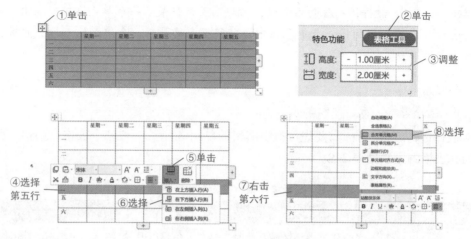

图 2-39　调整课程表结构

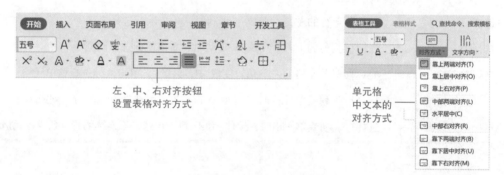

图 2-40　设置对齐方式

小试身手

1. 设置课程表在文档中居中对齐。

2. 设置所有单元格的对齐方式为"水平居中"。过程如图 2-41 所示。

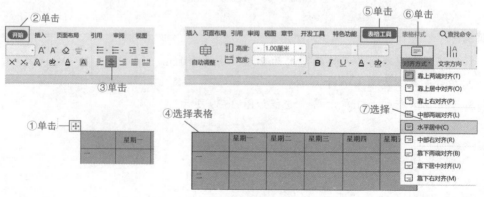

图 2-41　设置课程表的对齐方式

● 边框、底纹和表格样式

使用【表格样式】|【设计】功能组来设置表格的边框、底纹、应用样式等，如图 2-42 所示。

图 2-42 【设计】功能组

小试身手

1. 设置表格外框线为 3 磅橙色实线，内边框为 1 磅橙色实线，如图 2-43 所示。

2. 设置第 6 行上、下边框线为 0.75 磅浅蓝色双实线，底纹颜色为"橙色，着色 4，浅色 80%"。

3. 设置表格内文字效果，最后效果如图 2-44 所示。

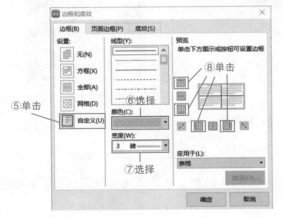

图 2-43 美化课程表

（9）表格计算

WPS 文字编辑中的表格具有强大的计算能力。单击【表格工具】选项卡的【*fx* 公式】按钮，可对表格中指定的区域进行计算。

WPS 文字中的公式计算

课堂随笔

	星期一	星期二	星期三	星期四	星期五
一					
二					
三					
四					
	午 休				
五					
六					

图 2-44　课程表最终效果

小试身手

打开"第七中学高二考试成绩.docx",计算总分(见图 2-45)和平均分(见图 2-46)。

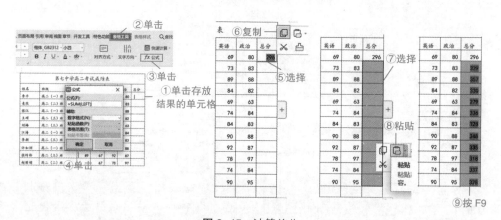

图 2-45　计算总分

操作提示

1.【公式】对话框的数字格式可设置计算结果的显示格式(比如货币格式)和小数位数(比如保留 2 位小数)。

2.表格计算常用的函数有:求和 SUM、平均值 AVERAGE、最大值 MAX、最小值 MIN 等。

3.表格范围有:向上 ABOVE、向左 LEFT、向右 RIGHT、向下 BELOW。

4.=SUM(ABOVE) 表示对上面的数字求和。

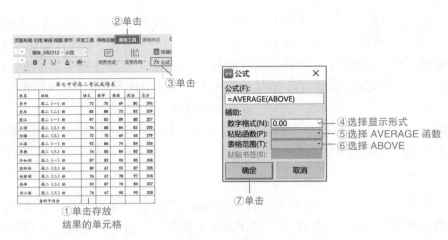

图 2-46 计算平均分

2　页眉和页脚

页眉和页脚是文档页面中的特殊区域，位于页面的顶部和底部，一般用来显示文档标题、文档名、页码、公司徽标等。插入页眉和页码的方法有两种。

方法 ❶　双击文档上边距或下边距中的空白位置可进入页眉和页脚编辑状态。

方法 ❷　单击【插入】选项卡的【页眉和页脚】按钮。

进入页眉和页脚编辑状态后，可以输入文字、图片等，并利用【页眉和页脚】选项卡对其进行编辑，如图 2-47 所示。

图 2-47　【页眉和页脚】选项卡

三　任务实施

1　制作表格

学习计划表的制作 1

（1）创建和编辑表格

打开操作素材文件夹中的"学习计划表 .docx"，"学习计划表"为表格标题，将表格标题下方文本转换成 4 列 13 行表格；设置第 1 行行高为 1.7cm，2~12 行行高为 1.3cm，13 行行高为 4.3cm；分别将 12 行 1~3 单元格、13 行 2~4 单元格合并为一个单元格。操作步骤如下。

步骤❶ 打开操作素材文件夹中的"学习计划表.docx",选择表格标题下方的文本,单击【插入】|【表格】|【文本转换成表格】命令,打开【将文字转换成表格】对话框。

步骤❷ 在对话框内,文字分隔符设置为"制表符",单击【确定】按钮。

步骤❸ 选择表格的第一行,在【表格工具】|【高度】中输入"1.7厘米"。同样的方法将2~12行行高设置为1.3cm、13行行高设置为4.3cm。

步骤❹ 选择12行1~3单元格,单击【表格工具】|【合并单元格】按钮。同样的方法将13行2~4单元格合并为一个单元格。

（2）美化表格

将第3列2~11单元格对齐方式设置为中部两端对齐,其余单元格水平居中;设置第13行第一个单元格的文字方向为"垂直方向从右往左";设置表格外边框为3磅单实线、12行上下边框为0.5磅双实线、其余内边框为1磅单实线,第1行底纹颜色为"车矢菊蓝,着色1,浅色60%"。操作步骤如下。

步骤❶ 选择整个表格,单击【表格工具】|【对齐方式】下拉按钮,选择"水平居中"命令。选择第3列2~11单元格,单击【表格工具】|【对齐方式】下拉按钮,选择"中部两端对齐"命令。

步骤❷ 选择第13行第一个单元格,单击【表格工具】|【文字方向】下拉按钮,选择"垂直方向从右往左"。

步骤❸ 选择整个表格,单击【表格样式】|【边框】下拉按钮,选择【边框和底纹】命令,打开【边框和底纹】对话框。在对话框内,选择"自定义",宽度选择"3磅",在右边预览区单击上、下、左、右外边框按钮,宽度选择"1磅",并在右边预览区单击水平和垂直内框线按钮,单击【确定】按钮。

步骤❹ 选择第12行,打开【边框和底纹】对话框,选择"自定义",线型选择"双实线",宽度选择"0.5磅",在右边预览区单击上边框和下边框按钮,单击【确定】。

步骤❺ 选择第一行,单击【表格样式】|【底纹】下拉按钮,选择"车矢菊蓝,着色1,浅色60%"。

2 设置页眉、页脚和页码

（1）添加页眉和页脚

页眉内容为"今日事今日毕,勿将今事待明日",字号为小四,居中对齐,添加页眉横线。操作步骤如下。

步骤❶ 单击【插入】|【页眉和页脚】按钮,进入页眉和页脚编辑状态。

步骤❷ 在页眉区输入文字,利用【开始】选项卡设置为小四、居中对齐。

步骤❸ 单击【页眉和页脚】选项卡的【页眉横线】下拉按钮,选择实线。

按同样的方法设置页脚,页脚内容为"书山有路勤为径",居中对齐。

（2）添加页码

在页眉外侧插入页码。操作方法有两种。

方法❶ 单击【插入】|【页码】下拉按钮,选择【页眉外侧】命令。

方法 ❷　单击【页眉和页脚】|【页码】下拉按钮，选择【页眉外侧】命令。

操作提示

默认情况下，页码以阿拉伯数"1"开始编号，如果要改变起始页码或页码的格式，可以单击【页眉和页脚】选项卡的【页码】下拉按钮，选择【页码…】命令，在弹出的【页码】对话框中进行修改，如图 2-48 所示。

设置页码样式

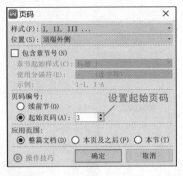

图 2-48　修改页码

3 邮件合并

（1）设置数据源

新建文档"日期 .docx"，输入日期数据，如图 2-49 所示。

学习计划表的制作 2

日期
1 月 21 日
1 月 22 日
1 月 23 日
1 月 24 日
1 月 25 日

图 2-49
文档"日期 .docx"样图

（2）打开数据源

在"学习计划表 .docx"中打开数据源"日期 .docx"。操作步骤如下。

步骤 ❶　在文档"学习计划表 .docx"中，单击【引用】选项卡【邮件】按钮，打开【邮件合并】选项卡。

步骤 ❷　单击【邮件合并】选项卡的【打开数据源】下拉按钮，选择【打开数据源】命令，弹出【选取数据源】对话框，在对话框里选择文档"日期.docx"，单击【打开】按钮。

步骤 ❸　弹出【域名记录定界符】对话框，单击【确定】按钮，如图 2-50 所示。

（3）插入合并域

在标题后面插入合并域"日期"。操作步骤如下。

步骤 ❶　在表格标题"学习计划表"后输入括号"（　）"，将插入符移至括号内。

步骤 ❷　单击【邮件合并】选项卡的【插入合并域】按钮，在弹出的【插入域】对话框中选择"日期"，单击【插入】按钮，然后单击【关闭】按钮，如图 2-51 所示。

课堂随笔

（4）合并到新文档

合并为新文档"学习计划打卡表 .docx"。操作步骤如下。

步骤❶ 单击【邮件合并】选项卡的【合并到新文档】按钮，在弹出的【合并到新文档】对话框中选择"全部"，单击【确定】按钮，即将数据合并到了新文档中，如图 2-52 所示。

步骤❷ 将新文档保存为"学习计划打卡表 .docx"。

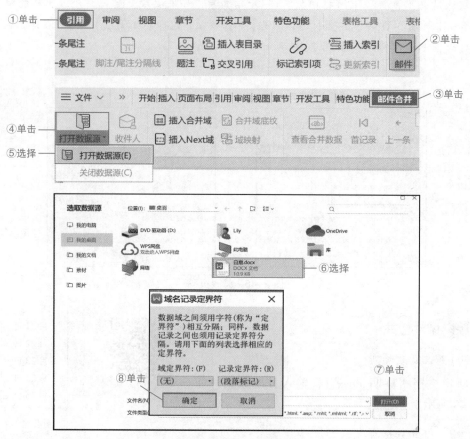

图 2-50 打开数据源

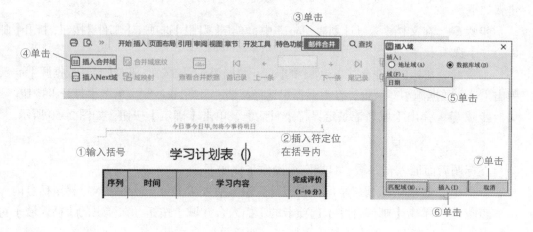

图 2-51 插入合并域

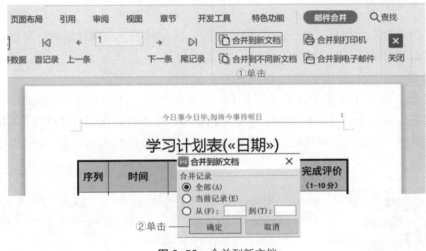

图 2-52 合并到新文档

4 多人协作

将新文档"学习计划打卡表 .docx"协作分享给家庭成员共同打分。操作步骤如下。

步骤 ❶ 单击菜单栏右边的【协作】按钮，弹出【发起协作】对话框，单击【开始上传】按钮，将文档上传至云端。上传完毕后，进入协作编辑界面，如图 2-53 所示。

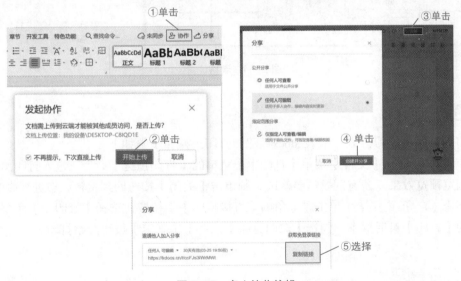

图 2-53 多人协作编辑

步骤 ❷ 单击右上角【分享】按钮，弹出【分享】对话框，选择【复制链接】命令，将链接通过微信或者 QQ 发给家庭成员，成员收到后单击链接，就可以一起编辑文档了。

操作提示

多人协作编辑状态下，只能进行文档的基本编辑，若要对文档进行高级编辑，需要退出协作状态。单击右上角的【WPS 打开】即可退出协作状态。

课堂随笔

5 表格计算

在文档"学习计划打卡表 .docx"中完成打分后,利用 sum 求和函数计算每日总分。操作步骤如下。

步骤 ❶ 将插入符移至第 12 行第 2 个单元格内。

步骤 ❷ 单击【表格工具】选项卡【*fx* 公式】按钮,打开【公式】对话框。

步骤 ❸ 在【公式】对话框中,单击【粘贴函数】下拉按钮选择"SUM",单击【表格范围】下拉按钮选择"ABOVE",单击【确定】按钮即计算出当天的总分,如图 2-54 所示。

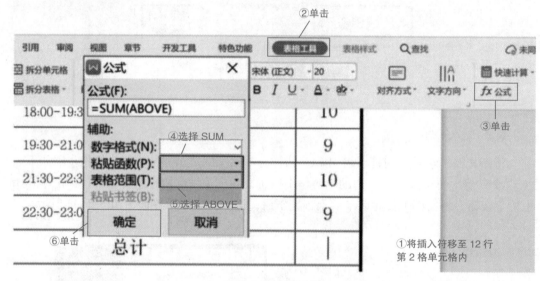

图 2-54 表格计算

6 打印预览

将新文档"学习计划打卡表 .docx"双面打印。操作步骤如下。

步骤 ❶ 选择【文件】菜单【打印】子菜单的【打印预览】命令,进入打印预览界面,浏览预览效果,若有问题需要修改,则单击【关闭】按钮回到编辑状态进行修改。

步骤 ❷ 预览完毕,单击左上角的【直接打印】下拉按钮选择【打印 ...】命令,在弹出的【打印】对话框中,勾选【双面打印】,单击【确定】按钮开始打印。

四 思维导图

本节知识结构如图 2-55 所示。通过制作学习计划表,介绍了表格的应用、页眉页脚和页码、邮件合并、多人协作编辑和打印预览的应用等知识。

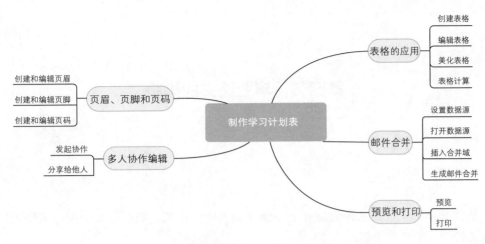

图 2-55 制作学习计划表思维导图

五 课堂练习

打开"课后练习 2-3.docx",完成如下操作,效果如图 2-56 所示。

1. 将文中后 14 行转换成一个 14 行 6 列的表格,文字分隔符为制表符;设置表格列宽为 55 磅,行高为固定值 7mm。

学生成绩表

班　级	姓　名	平　时	期　末	总　评	学　分
经管 1901 班	马一中	85.0	92.0	89.9	4
经管 1901 班	陈有才	84.0	90.0	88.2	4
经管 1901 班	张小丽	85.0	70.0	74.5	4
经管 1901 班	李　响	82.0	90.0	87.6	4
经管 1901 班	罗其军	78.0	75.0	75.9	4
经管 1901 班	张　力	95.0	80.0	84.5	4
经管 1901 班	刘　婷	81.0	90.0	87.3	4
经管 1901 班	吴晓芳	89.0	85.0	86.2	4
经管 1901 班	王　俊	79.0	86.0	83.9	4
平均分		84.22	84.22	84.22	

图 2-56 课后练习 2-3 效果图

2. 将表格中所有单元格文字设置为小五号,内容设置为靠下居中对齐;设置表格整体居中。

3. 在表格末尾新增一行,合并该行的 1、2 单元格,输入文字"平均分";在该行相应的单元格内计算平时、期末、总评的平均分,保留小数位 2 位。

4. 设置表格的外框线为 0.5 磅的红色双细线,内框线为 0.75 磅的蓝色单细线,第一行添加"白色,背景 1,深色 25%"底纹。

课堂随笔

第四节　毕业论文的排版

一　任务描述

毕业季来临了，在老师的指导下小张完成了毕业论文，现在需要根据论文格式要求对论文排版，最终效果如图 2-57 所示。

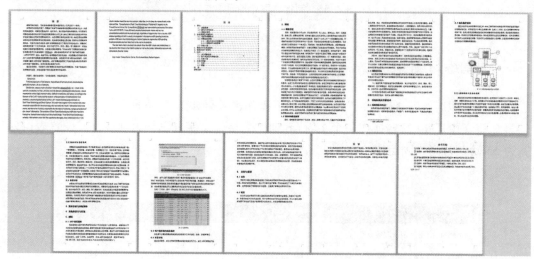

图 2-57　毕业论文排版效果

1　任务要求

（1）页面设置

● 纸张大小和页边距设置：纸张大小为 A4，上下为 2cm，左为 3cm，右为 2cm。

● 分隔符设置：摘要、目录、论文主体部分、致谢、参考文献均单独成页。

● 页码设置：页码置于页底边居中位置，从绪论开始按阿拉伯数字连续编排，摘要、目录等前置部分单独编排无须页码。

（2）文本格式设置

● 正文：小四、宋体，两端对齐，行距为 21 磅，首行缩进 2 个字符。

● 标题 1：小三号，黑体，上下空一行，层次代号"1."。

● 标题 2：四号，黑体，层次代号"1.1"。

● 标题 3：四号，楷体，层次代号"1.1.1"。

● 摘要、目录、致谢和参考文献标题：居中，三号，黑体。

（3）目录编辑

目录内容包含正文一、二、三级标题、参考文献标题、致谢标题、附件标题，小四号，宋体，要求页码正确无误并对齐，尽量控制在 1 页，需要时可调整行距。

（4）注释和引用

● 插入脚注：为"2.1 局域网病毒特点"添加脚注"吴海.计算机科学"，编号为小写字母。

● 插入题注：为论文图片编号，图序逐章单独编序（如：图 2.3 为第 2 章第 3 个图），图序必须连续，不得重复或跳跃。

● 交叉引用：在论文中"如所示"的位置对图片的题注进行引用。

2 任务分析

1）在 WPS 中打开素材文件"局域网病毒分析.docx"并设置纸张大小和页边距。

2）利用分隔符设置摘要及关键词、说明书主体部分，致谢、参考文献均另起页。

3）插入页码且置于页面底部居中，从绪论开始按阿拉伯数字连续编排，摘要、目录等前置部分单独编排无须页码。

4）利用【样式】设置论文的文本格式。

5）利用【引用】|【目录】插入目录。

6）利用【引用】|【插入脚注】为"2.1 局域网病毒特点"添加脚注"吴海.计算机科学"，编号为小写字母。

7）使用【引用】|【题注】为论文图片编号。

8）使用【引用】|【交叉引用】在论文中对图片的题注进行引用。

二　预备知识

1 样式

样式是指一组已经命名的字符和段落格式的集合，它用于设定文档中标题、题注以及正文等各个文本元素的格式。先选择应用样式的文字或段落，再单击【开始】选项卡【样式】栏中的样式即可。

（1）新建样式

系统默认模板中自带的样式称为内置样式，当内置样式不能满足用户需求时，可以创建新的样式，新建样式的步骤如下。

步骤 ❶　单击【开始】选项卡【样式和格式】功能组中的【新样式】下拉按钮，选择【新样式…】命令，打开【新建样式】对话框。

步骤 ❷　在【名称】文本框中输入新建样式的名称，然后单击【样式类型】下拉列表框的下拉按钮，选择样式类型。

步骤 ❸　在【样式基于】下拉列表框中列出了当前文档中的所有样式。选择与新样式相近的样式，只要对个别格式进行修改，就可快速地创建新样式。

课堂随笔

步骤❹ 在【后续段落样式】下拉列表框中列出了当前文档中的所有样式。其作用是当前段落应用新样式后，后面的段落会自动套用后续段落格式。

步骤❺ 在【格式】栏中，可以设置新样式的中西文字体、字号、加粗、倾斜的字符格式和对齐、间距、缩进等段落格式。

步骤❻ 单击左下角的【格式】按钮，选择需要修改的格式类型，在打开的对话框内进行详细的设置。

步骤❼ 单击【确定】按钮，创建新样式，如图 2-58 所示。

图 2-58 新建样式

操作提示

1. 新样式名不能与系统内置样式名相同。

2. 样式类型包括段落和字符，不同的样式类型应用的范围不一样。

小试身手

1. 打开 WPS 文档"小故事大智慧.docx"。

2. 新建样式"强调文字"，将文档每篇文章的最后一段设置为"小四、黑体、红色"。操作如图 2-59 所示。

图 2-59 新建与应用样式

（2）修改样式

如果对内置样式的某些格式不满意，可以修改内置样式，操作步骤如下。

步骤❶ 在【开始】选项卡的【样式】栏中，右击某个样式，选择快捷菜单中的【修改样式】命令，打开【修改样式】对话框。

步骤❷ 【修改样式】对话框的设置和【新建样式】是完全相同的。完成修改后，单击【确定】按钮即可。此时，所有应用了该样式的对象格式都会发生相应的变化。

小试身手 ──────────────────────────────

修改内置样式"正文"，1.5 倍行距、首行缩进 2 个字符。

2 目录

目录是长文档不可缺少的组成部分，由各级标题和页码组成。对于设置了多级标题的文档，可以引用标题样式的内容自动生成目录。操作步骤如下。

步骤❶ 将插入符定位于文档中目录要显示的位置，单击【引用】选项卡的【目录】下拉按钮，在下拉列表项中选择你需要创建的目录样式，即可创建目录。

步骤❷ 若对目录的默认样式不满意，可单击下拉列表中的【自定义目录…】命令，打开【目录】对话框，设置目录的制表符前导符的样式、显示级别、是否显示页码和页码对齐方式等参数，完成设置后单击【确定】按钮即可插入目录。

小试身手 ──────────────────────────────

在文档前插入目录。操作如图 2-60 所示。

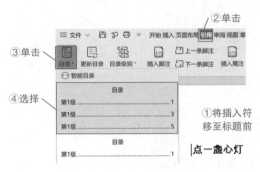 

图 2-60 插入目录

3 分隔符

在 WPS 文档中，输入文本时系统会自动的分页，还可以通过单击【页面布局】选项卡【分隔符】按钮来分页。分隔符的类型包括分页符、换行符、分栏符和分节符。它们的作用见表 2-10。

课堂随笔

表 2-10 分隔符的作用

分隔符类型	作用
分页符	插入点后的内容移至下一页
分栏符	插入点后的内容移至下一栏
换行符	插入点后的内容移至下一行
下一页分节符	插入分节符，新节从下一页开始
连续分节符	插入分节符，新节从下一行开始
偶数页分节符	插入分节符，新节从下一个偶数页开始
奇数页分节符	插入分节符，新节从下一个奇数页开始

小试身手

1. 目录和每篇文章单独显示一页。操作如图 2-61 所示。

2. 在页脚中间插入页码，目录无须页码，更新目录。操作如图 2-62 所示。

操作提示

1. 节是文档格式化的最大单位。默认情况下所有页面均处于同一节，可以灵活设置多页是一节，也可以设置一页就是一节。

2. 同一篇文档中可以通过节设置不同的纸张大小、方向以及页边距、页眉页脚、页码的显示。很多情况下，目录所在的页面是不占页码的，所以就在目录页后插入分节符。

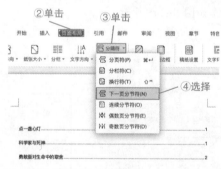

①定位插入符 | 点一盏心灯

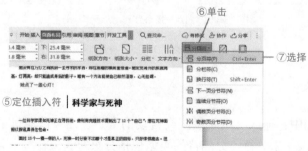

⑧按同样的方法在第三篇文章前插入分页符

图 2-61　插入分隔符

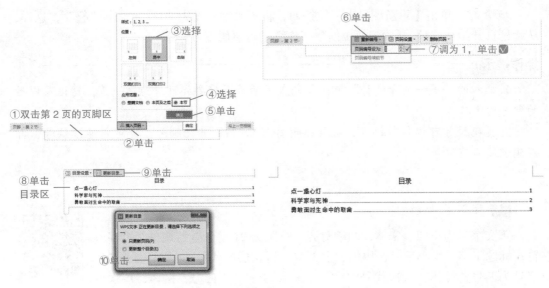

图 2-62 设置页码和目录

三 任务实施

1 页面设置

（1）纸张大小和页边距设置

设置纸张大小为 A4，上下页边距为 2cm，左为 3cm，右为 2cm。操作步骤如下。

步骤 ❶ 单击【页面布局】|【纸张大小】下拉按钮，选择【A4】命令。

步骤 ❷ 单击【页面布局】|【页边距】下拉按钮，选择【自定义页边距…】命令，在打开的对话中设置上下页边距为 2cm，左为 3cm，右为 2cm。

（2）分隔符设置

摘要、目录、论文主体部分、致谢、参考文献均单独成页。操作步骤如下。

步骤 ❶ 将插入符移至"目录"二字前，单击【页面布局】|【分隔符】命令，选择"分页符"命令。

步骤 ❷ 将插入符移至"绪论"二字前，单击【页面布局】|【分隔符】命令，选择"下一页分节符"命令。

步骤 ❸ 按同样的方法在致谢和参考文献前插入分页符。

（3）页码设置

页码置于页面底部，居中，从绪论开始按阿拉伯数字连续编排，摘要、目录等前置部分单独编排无须页码。操作步骤如下。

步骤 ❶ 双击绪论页的页脚区，进入页脚编辑状态，单击页脚编辑区的【页码设置】下拉按钮，选择位置"居中"，应用范围为"本节"，单击【确定】按钮。

毕业论文的排版 1

步骤 ❷ 单击【重新编号】下拉按钮,将页码编号设为"1",单击"☑️",这样,从绪论页开始从"1"开始按阿拉伯数字连续进行页码编号。

操作提示

1. 插入的"下一页分节符"把论文分成了两节,摘要和目录为第一节,绪论及以后的部分为第二节。

2. 页码编号可以按节编号,也就是说每节从"1"开始编号,也可以连续编号,即页码继续前节编号。

2 文本格式设置

正文字号为小四、宋体,两端对齐,行距为 21 磅,首行缩进 2 个字符;标题 1 字号为小三号,黑体,上下空一行,层次代号"1.";标题 2 字号为四号,黑体,层次代号"1.1";标题 3 字号为四号,楷体,层次代号"1.1.1";摘要、目录、致谢和参考文献标题为居中,字号为三号,黑体。

毕业论文的
排版 2

(1)修改样式

● 修改"正文"的样式,操作步骤如下。

步骤 ❶ 在【开始】选项卡【样式】栏中,右击【正文】选择【修改样式】命令,在打开的【修改样式】对话框中,单击左下角【格式】按钮,选择【字体】命令。在【字体】对话框中,设置字体为"宋体",字号为"小四"。单击【确定】按钮。

步骤 ❷ 再次单击【修改样式】对话框中的【格式】按钮,选择【段落】命令,在【段落】对话框中,设置两端对齐、首行缩进 2 个字符、行距固定值 21 磅,单击【确定】按钮。

● 修改"标题 1""标题 2"和"标题 3"的样式,操作步骤如下。

步骤 ❶ 在【开始】选项卡【样式】栏中,右击【标题 1】选择【修改样式】命令,在打开的【修改样式】对话框中,单击右下角【格式】按钮,选择【字体】命令。在【字体】对话框中,设置字号为"小三"。单击【确定】按钮。

步骤 ❷ 再次单击【修改样式】对话框中的【格式】按钮,选择【段落】命令,在【段落】对话框中,设置段前、段后间距 1 行,单击【确定】按钮。

步骤 ❸ 再次单击【修改样式】对话框中的【格式】按钮,选择【编号】命令,在【项目符合和编号】对话框中,选择【多级编号】选项卡,选择如图 2-63 所示编号,然后单击【自定义】按钮。

步骤 ❹ 在【自定义多级编号列表】对话框中,选择级别"2",在右边的编号格式中删除最后一个".",使编号格式为"①.②",然后单击"高级"按钮,在"将级别链接到样式"下拉列表中选择"标题 2",如图 2-64a 所示。

步骤 ❺ 选择级别"3",在右边的编号格式中删除最后一个".",使编号格式为"①.②.③",然后在"将级别链接到样式"下拉列表中选择"标题 3",最后单击【确定】

按钮，如图 2-64b 所示。"标题 1"的样式修改完成后，单击【确定】按钮保存关闭【修改样式】对话框。

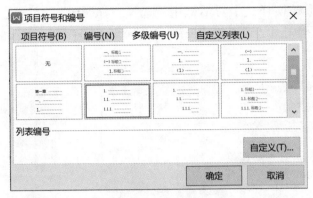

图 2-63　多级编号

步骤❻　将"标题2"的样式修改为字号四号、黑体，"标题3"的样式修改为字号四号、楷体。

（2）新建样式

为摘要、目录、致谢和参考文献标题新建样式，样式名为"特殊标题"，样式格式为居中，字号为三号，黑体。操作步骤如下。

步骤❶　单击【开始】|【新样式】下拉按钮，选择【新样式 ...】命令。

步骤❷　在【新建样式】对话框中，名称为"特殊标题"，样式类型为"段落"，【样式基于】为"无样式"，后续段落样式为"正文"，格式为居中、字号三号、黑体，然后单击【确定】按钮。

a）设置级别 2 格式　　　　　b）设置级别 3 格式

图 2-64　设置标题的编号格式

（3）应用样式

给正文应用样式：按 <Ctrl+A> 键选择全文，单击【开始】选项卡样式栏中的【正文】样式即可。

给标题一、标题二和标题三应用样式，操作步骤如下。

步骤❶　单击【开始】|【查找替换】下拉按钮，选择【替换】命令。

步骤 ❷ 在【查找和替换】对话框的【替换】选项卡中,设置查找内容为"标题一",然后单击"替换为"文本框,再单击【格式】按钮,选择【样式】命令。

步骤 ❸ 在【替换样式】对话框中,选择"标题1",单击【确定】按钮,如图 2-65 所示。然后单击【全部替换】按钮,即将所有标注标题一的段落应用了"标题1"样式。

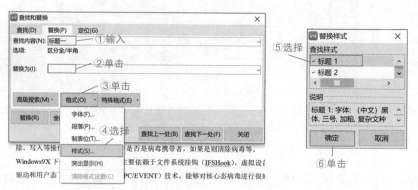

图 2-65 将标注标题一的段落应用标题 1 样式

步骤 ❹ 按同样的方法将标注标题二和标题三的段落应用相应的样式。

步骤 ❺ 再次打开【替换和替换】对话框,在【替换】选项卡中,设置查找内容为"(标题?)",再单击【高级搜索】按钮,勾选"使用通配符",然后单击"替换为"文本框,再单击【格式】按钮,选择【清除格式设置】命令,最后单击【全部替换】按钮,即可将文档中的标题标注文字删除掉。操作如图 2-66 所示。

同样的方法给摘要、目录、致谢和参考文献标题应用样式并删除标注文字。

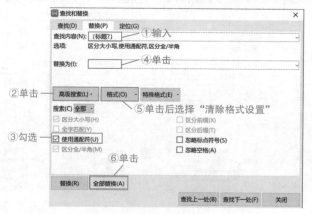

图 2-66 删除标题的标注

操作提示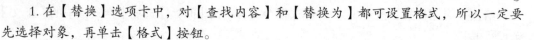

1. 在【替换】选项卡中,对【查找内容】和【替换为】都可设置格式,所以一定要先选择对象,再单击【格式】按钮。

2. 如果不小心设置错了,可以先单击对象,再单击【格式】按钮选择【清除格式设置】命令,就会把设置的所有格式清除了。

3 目录设置

论文目录内容包含正文一、二、三级标题、参考文献标题、致谢标题、附件标题，字号为小四号，宋体，要求页码正确无误并对齐，尽量控制在1页，需要时可调整行距。操作步骤如下。

步骤❶ 将插入符移至目录页，单击【引用】选项卡【目录】下拉按钮，选择三级目录，如图2-67所示。

步骤❷ 删除多余的"目录"二字，选择目录内容，利用【开始】选项卡字体功能组设置为宋体、字号为小四号。

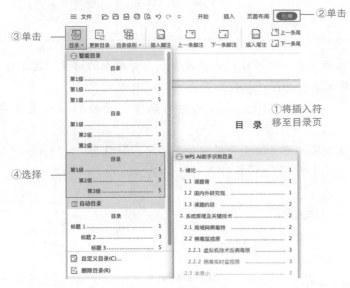

图2-67 插入三级目录

4 注释和引用

（1）插入脚注

在编辑长文档或撰写论文时，通常会对文档中的某些词语进行解释，或是要引用某参考文献，这时候就可以插入脚注和尾注来注释文本。脚注和尾注都是由两个关联的部分组成，注释标记和对应的注释文本。不同点在于，脚注一般位于页面的底部，可以作为文档某处内容的注释，而尾注一般位于文档的末尾。

为"2.1局域网病毒特点"添加脚注"吴海.计算机科学"，编号为小写字母，操作步骤如下。

步骤❶ 将插入符移至"2.1局域网病毒特点"右边，然后单击【引用】选项卡【插入脚注】按钮，插入符自动移至脚注区，输入文字"吴海.计算机科学"。

步骤❷ 鼠标右击脚注区，在弹出的快捷菜单中选择"脚注和尾注"命令，在打开的【脚注和尾注】对话框中，选择编号格式为小写字母，然后单击【应用】按钮。操作如图2-68所示。

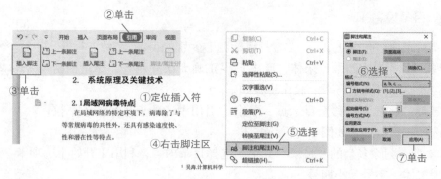

图 2-68 插入脚注

操作提示

1. 脚注或尾注插入后，注释标记会显示在插入符所在的位置，鼠标移至注释标记，可浏览对应的注释文本。如图 2-69a 所示。

2. 删除脚注或尾注，选择注释标记然后删除，对应的注释文本也被删除。如图 2-69b 所示。

3. 插入的脚注或尾注可在快捷菜单中相互转换。如图 2-69c 所示。

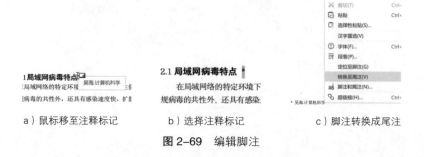

a）鼠标移至注释标记 b）选择注释标记 c）脚注转换成尾注

图 2-69 编辑脚注

（2）插入题注

题注是指对图片、表格、图表和公式添加编号和简短描述，编号可按章节编号，也可全文统一编号。添加对象，编号会自动更新，删除对象，则需选择题注右击选择"更新域"或按 <F9> 键手动更新。

为论文图片编号，图序逐章单独编序（如：图2.3为第2章第3个图），图序必须连续，不得重复或跳跃。操作步骤如下。

步骤 ❶ 将插入符移至第一张图片下方文字"局域网病毒监控基本原理图"前。

步骤 ❷ 单击【引用】选项卡【题注】按钮，在打开的【题注】对话框里的【标签】下拉列表中选择"图"。

步骤 ❸ 单击【编号…】按钮，在【题注编号】对话框中勾选【包含章节编号】，【使用分隔符】下拉列表中选择"．（句点）"。单击【确定】按钮即可插入题注。操作如图 2-70 所示。

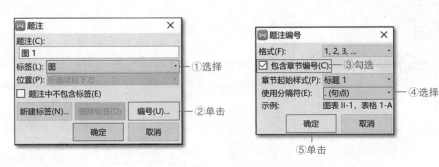

图 2-70　插入题注

步骤 ❹　按同样的步骤为后面的图片插入题注。

（3）交叉引用

创建完题注后，就可在文档中对题注进行交叉引用。当题注的编号发生变化时，选择灰色的引用域，右击选择"更新域"或按 <F9> 键可更新域。

在论文中"如所示"的位置对图片的题注进行引用。操作步骤如下。

步骤 ❶　将插入符移至"图 2.1"上方文字"如所示"处，删除空白符。

步骤 ❷　单击【引用】选项卡【交叉引用】按钮，在【交叉引用】对话框中，选择【引用类型】为"图"，【引用内容】为"只有标签和编号"，在【引用哪一个题注】列表框中选择"图 2.1 局域网病毒监控基本原理图"，再单击"插入"按钮即可，单击【取消】按钮关闭对话框。操作如图 2-71 所示。

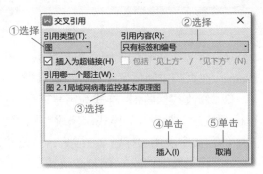

按同样的方法完成其他的交叉引用。

四　思维导图

图 2-71　插入交叉引用

本节知识结构如图 2-72 所示。通过对毕业论文排版，介绍了页面分隔符的设置、目录的插入和更新、文本样式的设置、注释和引用等知识。

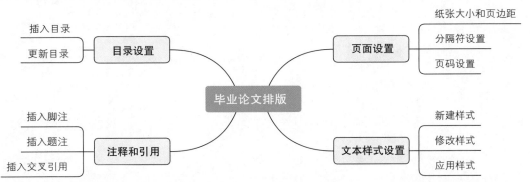

图 2-72　毕业论文排版思维导图

五　课堂练习

打开"课后练习 2-4.docx"，完成如下操作，效果如图 2-73 所示。

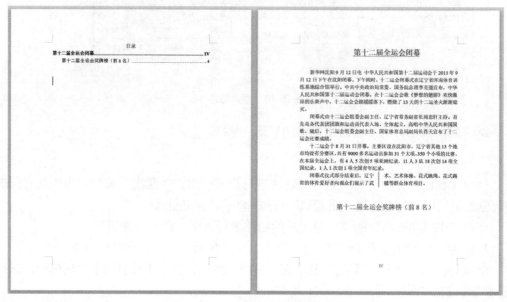

图 2-73　课后练习 2-4 效果图

1. 将文中所有的"闭目"替换为"闭幕"；设置纸张大小为 A4，左、右页边距为 30mm；在页脚中间位置插入大写罗马数字页码，并设置起始页码为 4。

2. 修改"标题 1"样式为字号三号、蓝色、加蓝色波浪下划线、居中，将文中第一行标题应用"标题 1"样式；修改"标题 2"样式为深红、黑体、字号四号、居中，将文中红色文字应用"标题 2"样式；修改"正文"样式为首行缩进 2 个字符。

3. 将正文第四段("闭幕式仪式……体育项目。")分为等宽 2 栏，并添加栏间分隔线。

4. 在文档开头插入 2 级目录，目录单独占一页，不显示页码。

Chapter 3

第三章

WPS 表格处理

WPS表格是金山公司推出的一款国产办公软件，它是一个灵活、高效、实用的电子表格制作工具，能快速完成数据录入与编辑、数据运算、数据分析、数据直观化呈现等功能。本章将以 4 个项目引导大家完成 WPS 表格的学习，掌握学习与办公过程中与数据相关的各项基础操作。

第一节 学籍表的制作

一 任务描述

开学伊始，辅导员老师请胡同学快速制作一张学籍表，收集班上所有同学的学号、姓名、性别、出生日期、籍贯、身份证号码与入学成绩的信息。其部分表格效果如图 3-1 所示。

现代教育技术 1401 班学生学籍表						
学号	姓名	性别	出生日期	籍贯	身份证号码	入学成绩
14430201401	胡阳	女	1996-10-14	湖南	430923199610140025	480.0
14430201402	朱瑾	女	1996-01-18	湖南	431225199601183226	473.0
14430201403	邱瑶	女	1995-09-01	湖南	430482199509019349	512.0
14430201404	刘前久	男	1996-06-06	湖南	430525199606068514	487.0
14430201405	李昆	男	1995-01-23	湖南	430421199501238218	530.0
14430201406	张雨霞	女	1997-01-20	湖南	430408199701201528	490.0
...	...	...	...	...	...	...
14430201423	李蔚然	男	1995-06-24	湖南	431027199506242019	475.0

图 3-1 学籍表

1 任务要求

（1）数据录入

● 在 WPS 表格中新建一个空白工作表："现代教育技术 1401 班学生学籍表"。

● 学号按递增的顺序输入，并依据学号输入对应的姓名。

● "性别"列中只能输入"男"或"女"。

● "出生日期"列中只能输入 1995 年至 2000 年之间的日期。

● 身份证号码长度为 18 位。

● 入学成绩保留一位小数。

（2）单元格编辑

● 将标题行 A1:G1 合并为一个单元格。

● 将"现代教育技术 1401 班学生学籍表"字体设置为黑体 14 号字，将各列字段标题设置为黑体 12 号字，将各数据行设置为宋体 11 号字。

● 将标题行"现代教育技术 1401 班学生学籍表"单元格填充为"蓝色"，各数据行隔行填充"钢蓝，着色 5，浅色 80%"。

● 将所有单元格设置为水平与垂直方向居中对齐。

● 将表格外框线设置为黑色双实线，将表格内框线设置为黑色细实线。

● 将表格的行高设置为 20 磅，列宽设置为"最适合的列宽"。

2　任务分析

1）利用 WPS 表格新建一个工作簿，并将其保存为"现代教育技术 1401 班学籍表"。

2）在 Sheet1 工作表中，用自动填充方式输入学号。

3）通过【数据】|【有效性】设置"性别"列中数据输入的限制，"身份证号码"列中数据长度的限制，"出生日期"列日期数据输入的限制。

4）通过"单元格格式(F)..."设置单元格"数字"的分类以及各类数据的字体、字号、对齐方式、边框与底纹等。

5）使用【格式刷】复制隔行单元格的格式。

6）通过"行高(R)..."设置指定行高，通过"行与列"中的相关选项将列宽设置为"最适合的列宽"。

二　预备知识

在任务实施之前，先熟悉 WPS 表格的工作界面和相关概念，掌握行、列、单元格和区域的选择等操作，以便于更好地完成任务的实施。

1　认识 WPS 表格

正确安装 WPS Office 后，在桌面上会自动建立快捷方式，双击此快捷方式，在"新建"中选择"表格"，可以选择"新建空白文档""新建在线文档"以及"根据行业"等职业的推荐模板快速建立需要的工作簿。具体如图 3-2 所示。

图 3-2　新建表格对话框

如果对所需要建立的工作簿没有明确的概念，或者需要快速根据模板建立工作簿，可自行尝试"新建在线文档"以及"根据行业"等职业的推荐模板。这里单击"表格"中的"新建空白文档",将会打开如图 3-3 所示的 WPS 表格工作窗口,并自动创建一个名为"工作簿 1"的空白工作簿。

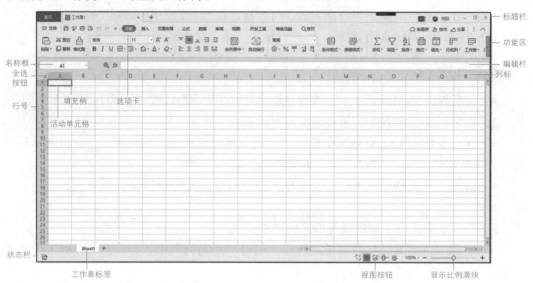

图 3-3 WPS 表格工作窗口

观察该窗口,可以看出除了工作区域呈现表格的形式外,其他部分与第二章介绍的 WPS 文字窗口类似,比较其选项卡可以发现,WPS 窗格具有两个独特的选项卡:【公式】与【数据】,足以显示其在数据计算与数据处理方面的强大功能。另外,针对 WPS 表格的各部分功能说明见表 3-1。

表 3-1 WPS 表格窗格名称及功能说明

名称	功能说明
标题栏	位于软件窗口顶部,主要包含文件名、工作区/标签列表,用户名以及窗口控制按钮,能清晰显示现在已经打开的各个文档,及进行窗口大小与位置的控制
功能区	包含快速启动工具栏、各选项卡与操作命令。WPS 表格功能区与 WPS 文字功能区非常类似,少了【引用】与【章节】这两个与文字排版相关的选项卡,多了【公式】与【数据】选项卡,显示了其对数据处理方面的强大功能。其他相似的选项卡,虽然命令不完全一样,但对其相似的设置完全可以通过知识迁移,习得其在 WPS 表格中的作用与应用
列标	用于标识或选择工作表的列,以大写英文字母A~Z、AA~AZ、……、XFD编号,一个工作表中有16348列
行号	用于标识或选择工作表的行,以阿拉伯数字 1、2、……、1048576 编号,一个工作表中有 1048576 行
活动单元格	当前被选中的单元格

（续）

名称	功能说明
填充柄	位于活动单元格的右下角，呈一个小正方形。可用于序列填充，重复填充，数列规则填充，公式复制等
名称框	用于显示活动单元格的名称，且其名称由列标与行号共同表示，如 A1，代表第 1 列第 1 行。另外，对于选中单元格或区域，还可重新给其命名，便于快速引用
编辑栏	用于显示和编辑活动单元格的内容。如果活动单元格的内容是公式或函数，则显示公式与函数表达式，而非结果，所以可以在编辑栏中进行公式与函数表达式的查看与编辑
全选按钮	单击此按钮将实现当前工作表中所有单元格的选择
状态栏	用于显示当前操作过程中的一些状态信息
工作表标签	用于显示与切换工作表。当工作簿中的工作表较多时，可以单击【切换工作表】按钮，实现工作表的快速切换
视图按钮	用于切换工作表的显示视图，共有普通、分页预览、全屏显示、阅读四种模式，可从字面意义去理解不同视图的显示效果
显示比例滑块	用于调整工作表的显示比例。还可用 Ctrl+ 鼠标滚轮上滑实现显示比例的放大，用 Ctrl+ 鼠标滚轮下滑实现显示比例的缩小

2　WPS 表格相关概念

（1）工作簿

工作簿是 WPS 用来处理和存储数据的文件，其扩展名为 .et。WPS 表格与微软公司的 Excel 表格文件兼容，所以在保存时，可以选择 WPS 表格文件格式，也可以选择 Excel 文件格式，还可以保存为 PDF、XML 与网页格式文件等。每个工作簿可包含一个或多个工作表。新建空白工作簿时，系统默认的文件名为"工作簿 1"，保存时，需要给其取个便于区分且记忆的名字。

工作簿文件的打开、保存与关闭和 WPS 文字处理中的文档类似，请自行探索。

如果想保护工作簿的工作表，可用【审阅】|【保护工作簿】来实现。执行【保护工作簿】命令时，会要求输入密码，想【撤销工作簿保护】，必须知道密码。设置了保护工作簿后，就不允许用户再插入、删除、隐藏或复制工作表，但可以对工作表单元格进行操作。

如果设置了工作簿保护，就只有在解除工作簿保护之后，才可以增加或者删除工作表，但对已经存在的工作表是可以进行编辑的，也就是保护工作簿之后，表格里面的数据还能修改。

另外，在 WPS 表格中，可以方便地对工作簿进行【分享】与【协作】，具体操作可参见图 3-3 中的【协作】与【分享】功能，针对现代社会实时进行信息收集，应用起来超级快捷方便。

课堂随笔

（2）工作表

工作表是 WPS 表格中的一个表格，由 1048576 行与 16384 列组成，完全可以满足日常存储数据的需要。列以字母 A~Z、AA~AZ、……、XFD 编号，行以数字 1、2、……、1048576 编号。一个新建的工作簿默认包含一个工作表，其默认的表名为 Sheet1。

● 新建工作表

单击 Sheet1 右边的 "+" 号即可新建工作表。

● 重命名工作表

为了更好地区分不同工作表中的内容，可给每个工作表命名。

双击工作表标签，即可进入重命名状态，输入新的文件名即可。

右击工作表标签，选择【重命名 (R)】，进入重命名状态，输入新的文件名即可。

● 给工作表标签设置颜色

为了更好地区分不同工作表，还可给其设置颜色，右击工作表标签，选择【工作表标签颜色 (T)】，选择合适的颜色完成设置。

● 移动与复制工作表

在 WPS 表格中，移动与复制工作表十分方便。

拖拽法：移动工作表时，拖动工作表标签至指定位置即可。复制工作表时，按住 <Ctrl> 键，拖动工作表标签至指定位置可以完成工作表的复制。

右击工作表标签，选择【移动与复制工作表(M)...】，可以实现工作表的移动与复制（勾选 "建立副本" 复选框）；还可以将工作表移动或复制到其他工作簿或新建的工作簿中。

● 切换工作表

单击不同的工作表标签可以切换到不同的工作表。

● 保护工作表

一些重要工作表文件，不想被别人轻易地篡改，或者只允许拥有密码的人才能修改，就可设置【保护工作表】。单击【审阅】|【保护工作表】，或右击工作表标签的【保护工作表 (P)...】，会要求输入密码，并对 "允许此工作表的所有用户进行 (A):" 中的相关操作进行勾选。没有被勾选的选项，在实现了工作表的保护后，是不能操作的。但这种保护仅对工作表单元格编辑生效，但可以删除工作表或插入工作表。

不管是【保护工作簿】还是【保护工作表】，文件都是可以打开的。如果要设置打开权限或修改权限，应该在 "另存为 (A)" 的 "加密 (E)..." 选项中去设置。

● 冻结工作表

在制作 WPS 表格时，如果数据较多，在处理数据时往往难以分清各列数据对应的标题，影响数据的核对，这时就可以使用工作表窗口的【冻结】功能将列标识或行标识冻结起来，从而保持工作表的某一部分在其他部分滚动时随时可以看见。

打开要冻结的工作表，选中要进行冻结的位置（假若选择 C3 单元格），切换至【视图】选项卡，单击【冻结至第 2 行 B 列】，向下滑动时，可以冻结前 2 行；向右滑动时，可以冻结至 B 列；单击【冻结首行】，向下滑动时，可以冻结第 1 行；单击【冻结首列】，向右滑动时，可以冻结第 1 列。

●隐藏工作表

如果想隐藏工作表，右击工作表标签，选择【隐藏 (H)】，即可隐藏工作表。要想取消工作表的隐藏，在快捷菜单中单击【取消隐藏 (U)...】即可。

（3）单元格

单元格是工作表中行列交汇处的区域，用来保存输入的数据，它是 WPS 表格中最基本的操作单位。每个单元格都有一个唯一的地址，由列标与行号组成，如第一行第二列的单元格地址是 B1。试想想，为什么列号要用字母表示，而不与行号一样，用数字表示呢？

用户用鼠标左键在某个单元格上单击，则此单元格边框将以加粗的绿线框显示，该单元格又称活动单元格，其地址将显示在名称框中，其内容显示在编辑栏中。

（4）选择单元格、行、列与区域

在使用 WPS 表格时，经常需要对单元格、行、列与区域进行插入、删除、移动与复制等操作，这时，就需要先选择目标单元格、行、列与区域的操作，其具体方法见表 3-2。

表 3-2　选择目标单元格、行、列与区域的方法

对象	选择方法
一个单元格	光标指针呈空心十字时，单击即可选中一个单元格
行	单击要选定的行所在的行号即可，上下拖动或按住 <Shift> 键可以选择连续的多行；按住 <Ctrl> 键可以选定不连续的行
列	单击要选定的列所在的列标即可，上下拖动或按住 <Shift> 键可以选择连续的多列；按住 <Ctrl> 键可以选定不连续的列
连续单元格区域	将光标移至要选定的连续区域的起始单元格，按住鼠标左键拖动至对角单元格即可，或者选择起始单元格后，按住 <Shift> 键，再选择对角单元格即可
不连续单元格区域	选择第一个单元格区域后，按住 <Ctrl> 键，依次选择其他单元格或单元格区域
整个表格	单击全选按钮，或者按 <Ctrl+A> 组合键

三　任务实施

1 新建工作簿

学籍表的录入

在 WPS 表格中用户可以新建一个空白工作簿，也可以使用模板建立具有相关结构内容的工作簿。

方法❶　启动 WPS Office 之后，单击【文件】|【新建】|【表格】|【新建空白表格】即可，如果当前打开的是 WPS 文字或 WPS 演示，也可采用此方法新建工作簿。

课堂随笔

方法 ❷ 如果已经在 WPS 表格的界面中，可以按 <Ctrl+N> 组合键或者在快速启动栏中单击【新建】按钮，也可以新建一个空的工作簿。

2 保存工作簿

新建工作簿或者对工作簿进行了编辑修改等操作后，如果今后还用到该工作簿，需对其进行保存。养成良好的经常性保存工作簿的习惯，可以避免由系统崩溃或停电等故障带来的损失。将新建工作簿保存至"D:\ 班级资料"文件夹中，并命名为"现代教育技术 1401 班学籍表"，操作步骤如下。

步骤 ❶ 单击快速访问工具栏上的【保存】按钮，将会打开如图 3-4 所示"另存文件"对话框。

步骤 ❷ 在【位置】处选择保存文件的指定位置，在【文件名】处输入"现代教育技术 1401 班学籍表"，再单击【保存】按钮即可。

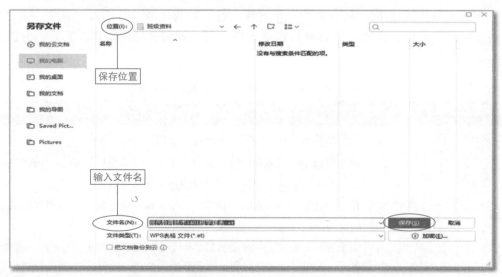

图 3-4 另存文件对话框

操作提示

因为供电系统不稳定或用户误操作等原因，WPS 表格可能会在用户保存文档之前就意外关闭。针对此种常见情况，可以使用 WPS 自动保存功能，减少意外情况所造成的损失，具体设置如下。

在【文件】|【选项】|【备份中心】|【设置】|【备份到本地】|【定时备份时间间隔】中设置具体的时间，这里在时间间隔中输入 5min（见图 3-5）。此时，如果程序意外关闭，则最多损失因意外关闭前 5min 所做的编辑与修改操作。

另外，在保存时如果忘记文件保存位置，又将文件关闭，此时可以再次打开 WPS 软件，单击【文件】后，在其展开的【最近使用】文件序列中找到所需要的文件。

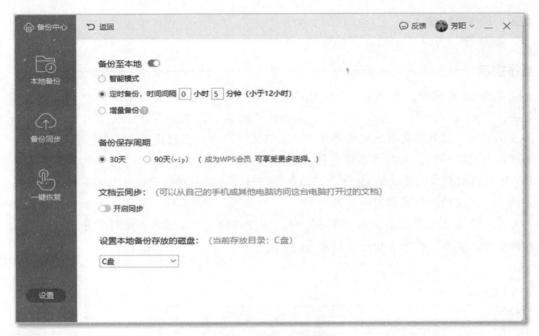

图 3-5　备份中心设置

3　输入学籍表数据

在 WPS 表格中，常见的数据类型及默认对齐方式分别是文本型（左对齐）、数值型（右对齐）、日期型（右对齐）与逻辑型（只有 True 与 False 两个值，居中对齐）。

（1）输入表格标题

在 A1 单元格中输入表格标题：现代教育技术 1401 班学生学籍表。在 A2:G2 单元格区域中分别输入各列标题"学号""姓名""性别""出生日期""籍贯""身份证号码""入学成绩"。

（2）输入表格内容

● 快速输入学号（学号已按升序有规律排列）

步骤 ❶　选定 A3 单元格，输入第一个学生的学号"14430201401"，按 <Enter> 键。

步骤 ❷　再次选定 A3 单元格。将空心十字移到 A3 单元格右下角的填充柄，当空心十字变成黑色十字时，拖动到 A25 单元格，WPS 将该区域全部填充为给定的学号。

备注　在 WPS 表格中，当输入的数据不超过 11 位时，默认为数值型数据；超过 11 位时，将自动默认为文本型数据。

● 输入姓名

步骤　在 B3:B25 单元格逐一输入学生姓名。

● 输入性别

在输入性别前，由于"性别"列中只能输入"男"或"女"，先要进行"数据有效性"

设置,具体操作如下。

步骤 ❶ 选中 C3:C25 单元格区域。

操作提示

在 WPS 表格中,搜集了一些常见的日期与时间序列,具体如图 3-6 所示。如果有需要,可以定义序列。选择"文件"菜单的"选项",单击"自定义序列",具体如图 3-6 所示。将对选定区域定义为序列,如选定产品号所在的区域,单击【导入】即可;还可以自定义序列,如将电器设备按"空调,冰箱,洗衣机,电视机,计算机"设置成序列(序列间用英文逗号分隔),单击"添加"即可。当输入序列中的任意一项时,按预定方向与自定义的序列实现自动填充。

设定了自定义序列后,在"排序"时,还可以按自定义的序列进行排序,打破默认的按字母、笔画、数字大小等排序方式。

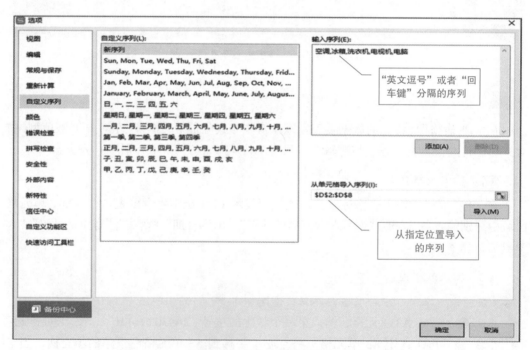

图 3-6 自定义序列对话框

步骤 ❷ 单击【数据】|【有效性】,在其【设置】的【有效性条件】中,选择【允许 (A):】下拉列表框中的"序列"。

步骤 ❸ 在对应的【来源 (S):】中,输入"男,女",单击【确定】按钮,即可将 C3:C25 单元格中的数据设置成"男"或"女"组成的序列,具体如图 3-7 所示。

步骤 ❹ 输入时,只要单击单元格右边的列表框,选择对应的性别即可快速完成"性别"列的输入。

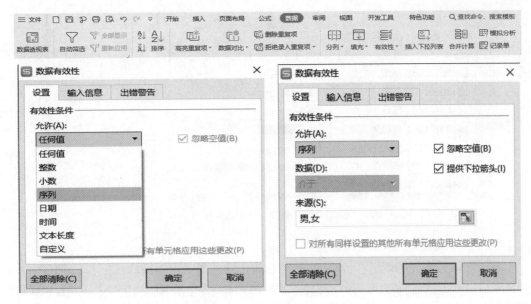

图 3-7 "性别"数据有效性设置

操作提示

在 WPS 表格中，自定义序列、函数参数间等位置的标点符号，一定要用英文逗号来分隔，否则会出现错误，不能正常执行相关操作。

● 输入出生日期

步骤 ❶ 选中 D3:D25 单元格区域。

步骤 ❷ 根据出生日期输入的要求，只能输入 1995 年至 2000 年之间的日期；参考"性别"列"数据有效性"设置的方法，先在"设置"中将开始日期与结束时间设置为如图 3-8 所示的参数，单击【确定】按钮，即可将 D3:D25 单元格中日期设置成 1995 年至 2000 年之间的日期，如果输入其他日期，则会出现如图 3-9 所示的提示信息，有效防止日期输入时出现明显的错误。

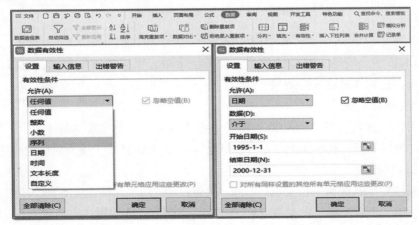

图 3-8 "日期"数据有效性设置

	A	B	C	D	E	F	G
1	现代教育技术1401班学生学籍表						
2	学籍号	姓名	性别	出生日期	籍贯	身份证号码	入学成绩
3	14430201401	胡阳	女	1996-10-14			
4	14430201402	朱瑾	女	1996-01-18			
5	14430201403	邱瑶	女	1995-09-01			
6	14430201404	刘前久	男	1993/6/6			
7	14430201405	李昆	男				
8	14430201406	张雨霞	女				
25	14430201423	李蔚然	男				

错误提示
您输入的内容，不符合限制条件。

图 3-9　日期输入时的错误提示

步骤 ❸　设置自定义数据格式。

系统默认日期为斜线 "/" 分隔的日期格式，任务要求用短横线 "-" 日期格式。选中 D 列后，单击鼠标右键，选择 "设置单元格格式 (F)..."，在图 3-10 中选择 "自定义"，在类型中输入 "yyyy-mm-dd" 即可，具体如图 3-10 所示。

图 3-10　日期格式自定义方法

● 输入籍贯

在 E3:E25 中分别输入对应的籍贯，如果上下单元格中的籍贯相同，可以采用填充柄进行复制，达到快速输入的效果。

● 输入身份证号码

对于身份证号码，要求其长度为 18 位。在【数据】的【有效性条件】中，将文本长度有效性设为等于 18，具体如图 3-11 所示。然后，在 F3:F25 中，输入对应的身份证号码。

● 输入入学成绩

入学成绩要求其保留一位小数，参照 "出生日期" 的单元格设置方法，在图 3-12 中，将 "数值" 中 "小数位数" 设置为 "1"，然后，在 G3:G25 中输入对应的入学成绩即可。

图 3-11 文本长度有效性设置

图 3-12 "数值"小数位数的设置方法

操作提示

在【单元格格式】对话框中，还可以对"数值"设置保留的"小数位数"，勾选"使用千位分隔符"；在"货币"格式中设置各种不同的"货币符号"；在"会计专用"格式中设置保留的"小数位数"及各种不同的"货币符号"；在"日期"与"时间"格式中，设置各种不同的日期与时间格式；在"百分比"与"科学记数"格式中设置保留的"小数位数"；在"分数"格式中设置不同的分数格式；在"特殊"格式中设置邮政编码、中文大小写字母等；在"自定义"格式中，根据需要设置独特的格式。

如果只需设置单元格用"百分比"表示、增加或减少"小数位数"、使用"千分位"分隔符等，则可以在【开始】选项卡的功能区中进行快速设置，具体如图 3-13 所示。

课堂随笔

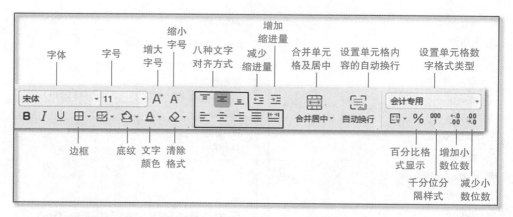

图 3-13 【开始】功能区的部分命令

（3）编辑单元格

● 合并单元格

选中 A1:G1，单击【开始】功能区中的"合并及居中"命令，即可将标题行 A1:G1 合并为一个单元格。

学籍表的编辑

操作提示

如果要撤销单元格的合并，再次单击"合并及居中"命令即可。另外，WPS 表格中提供了强大的合并功能，还可以在"合并及居中"按钮的下拉列表框中实现"合并单元格""合并内容""按行合并""跨列居中"等操作。

如果不想合并单元格，在不改变列宽的情况下，数据全部显示在单元格中，可以单击【开始】功能区中的"自动换行"命令，实现数据的完整显示。

● 设置字体、字号

在 WPS 表格中，字体、字号的设置方法与 WPS 文字中的设置方法相同。

步骤 ❶　选中 A1 单元格，在【开始】功能区中将字体设置为黑体，字号设置为 14 号。

步骤 ❷　选中 A2:G2 单元格区域，在【开始】功能区中，将字体设置为黑体，字号设置为 11 号。

步骤 ❸　选中 A3:G25 单元格区域，在【开始】功能区中，将字体设置为宋体，字号设置为 11 号。

● 设置边框，填充颜色

步骤 ❶　选中 A1:G25 单元格区域，右击，选择"设置单元格式 (F)..."，在"边框"选项卡的"样式 (S)"中选择双边框线，在"颜色 (C)"下的列表框中选择"黑色"，再单击"预置"中的"外边框"，即可将表格外框线设置为黑色双实线，具体设置如图 3-14 所示。

步骤 ❷　按同样的方法，将表格内框线设置为黑色细实线。

步骤 ❸　选中 A1 单元格，在"图案"选项卡的"颜色"中选择"蓝色"，图案样式选择"实心"，具体如图 3-15 所示。

步骤④　选中 A2:G2 单元格区域，在"图案"选项卡的"颜色"中选择"钢蓝，着色5，浅色 80%"。

步骤⑤　选中 A3:G4 单元格区域，在【开始】功能区中单击"格式刷"，再将填充柄拖至 G25，即可将各数据行实现隔行填充的效果。

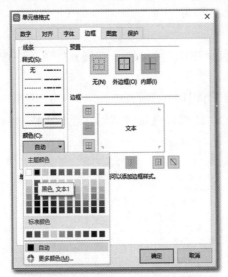

图 3-14　边框设置对话框

图 3-15　图案设置对话框

● 设置单元格对齐方式

方法①　选中 A1:G25 单元格区域，在【开始】功能区的对齐方式中选择"水平居中"与"垂直居中"即可快速将所有单元格设置为水平与垂直方向居中对齐。

方法②　选中 A1:G25 单元格区域，右击，选择"设置单元格式(F)..."，在"对齐"选项卡的"水平对齐(H)"下拉列表框中选择"居中"；在"垂直对齐(V)"下拉列表框中选择"居中"，具体设置参见图 3-16。

图 3-16　对齐设置对话框

图 3-17　行高设置对话框

●设置行高

方法❶ 选中第 1 行至第 25 行，右击，选择"行高 (R)…"，在出现的对话框中将其值设置为 20 即可，如图 3-17 所示。

方法❷ 选中第 1 行至第 25 行，选择【开始】功能区"行与列"中的"行高 (H)…"，在出现的对话框中，将其值设置为 20 即可。

●列宽设置

方法 选中 A 列至 G 列，选择【开始】功能区中的"行与列"，在展开的菜单中选择"最适合的列宽 (I)"即可，具体如图 3-17 所示。

备注 如果想插入或删除行、列、单元格，可以展开"插入单元格"或者"删除单元格"中的相关选项轻松实现，具体如图 3-18 所示；还可以选定位置后，通过如图 3-19 所示的快捷菜单中的插入命令快速实现。

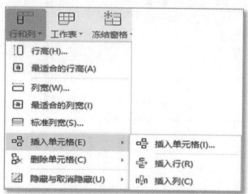

图 3-18　插入单元格选项

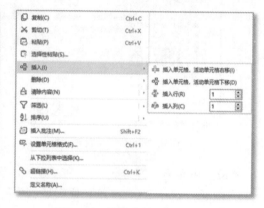

图 3-19　快捷菜单"插入"选项

操作技巧

在 WPS 表格中，对于选定的对象，可以按"Ctrl+1"，或者"双击"操作对象，在打开的对话框中，可以实现单元格格式的相关设置。

操作提示

为了快速对表格进行编辑与美化，可以使用【开始】功能区中的【表格样式】提供的样式快速实现。"预设样式"中提供了三种色系（浅色系，中色系，深色系），具体如图 3-20 所示。

如果在"预设样式"中，没有找到喜欢的效果，可以到【页面布局】功能区中对主题、颜色、字体、效果与背景图片进行设置。

特别提示

在套用表格样式前，不要选定表格标题行，要从表格列标题行开始选至表格的最后一个数据单元格，否则效果很难看。

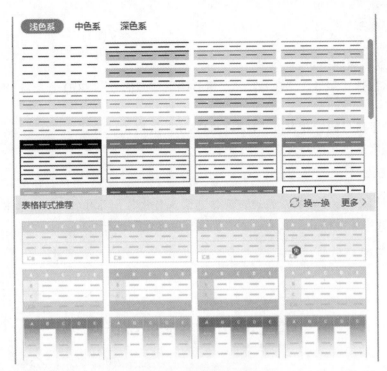

图 3-20 表格样式对话框

四 思维导图

本节知识结构如图 3-21 所示。通过学籍表的制作，学习了数据录入、编辑、单元格格式设置、表格样式设计等知识。

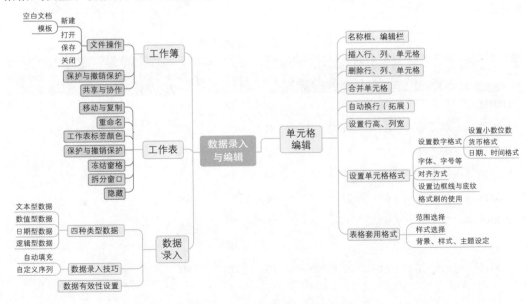

图 3-21 制作学籍表思维导图

五 课堂练习

快速建立班级通讯录。

1. 要求包括"学号""姓名""手机号码""微信号""QQ 号"与"家庭住址"6 个列标题。

2. 对于手机号码，要求以"123–12345678"的格式显示。

3. 将班级通讯录的格式进行编辑与美化。

提 示

可以通过协作与分享功能快速实现信息录入与收集，再对班级通讯录中的"手机号码"列设置数字显示格式，最后通过"表格套用格式"进行美化。

第二节 成绩表的统计

一 任务描述

期末考试后，辅导员老师请同学对班级成绩进行整理，计算出每个同学的总分、平均分、名次、等级，计算科目平均分以及完成学科成绩分数段的统计等操作。其部分数据见表 3–3。

表 3–3 期末考试成绩表

学号	姓名	语文	数学	英语	办公软件	数据库	C语言	总分	平均分	名次	等级
J10031	杨　军	48	75	69	80	68	61				
J10032	李　平	85	88	73	92	78	65				
J10033	高　峰	92	87	54	78	86	83				
J10034	刘小丽	76	57	90	84	55	67				
J10035	赵丽娟	67	75	69	90	74	88				
J10036	李　朝	92	86	74	89	83	81				
...	...	...	...	...	...	...	...				
J10048	韩　雪	74	56	87	63	78	80				

（续）

科目平均分						
科目最高分						
科目最低分						
实考人数						
不及格人数（<60分）						
优秀人数（≥85分）						
合格人数（85分> $x \geqslant 60$ 分）						

1　任务要求

（1）数据运算

- 计算总分、平均分、科目平均分、最高分、最低分与实考人数。
- 根据总分计算出名次。
- 若平均分大于或等于85分，等级返回"优秀"，否则返回空格。
- 统计三个分数段的人数。

（2）设置条件格式

- 将不及格科目成绩所在单元格填充为黄色。
- 将每科目成绩的最高分单元格填充为浅红色。
- 将总分所在的单元格使用蓝色渐变数据条表示。

（3）设置显示与打印

- 显示每个学生的成绩表时，要求前二行与前二列始终显示在屏幕上。
- 打印学生成绩表时，要求每页中含有标题行与标题列。

2　任务分析

1）对于总分、平均分、科目平均分、最高分、最低分与实考人数的计算，可以采用公式或常用函数中的 SUM（ ）、AVERAGE（ ）、MAX（ ）、MIN（ ）、COUNT（ ）函数来实现。

2）名次可用 RANK（ ）或 RANK.EQ（ ）函数来实现。

3）对于等级的确定，可以采用 IF（ ）函数来完成。

4）统计三个分数段的人数，可以使用条件统计函数 COUNTIF（ ）、COUNTIFS（ ）函数实现。

5）使用【开始】|【条件格式】设置不及格、最高分以及总分的特殊显示格式。

6）使用【视图】|【冻结窗格】固定指定行与列。

7）使用【页面布局】|【打印标题或表头】在每页中打印标题行与标题列。

课堂随笔

二 预备知识

在任务实施之前，先熟悉 WPS 表格的公式与函数的相关概念，熟悉【页面布局】功能区中的相关操作，以便于更好地完成任务的实施。

1 认识公式与函数

对 WPS 表格中的数据进行运算时，有时可采用公式，有时可采用函数，有时两者皆可实现，有时需两者结合才能实现较复杂的计算。

（1）公式

公式是由四则运算符与运算数组成的表达式，可以清晰地知道其运算过程。与数学中的公式计算不同的是：WPS 表格中的公式必须以 "=" 开头，后面是参与计算的运算数与运算符，具体区别见表 3-4。

表 3-4 数学公式与 WPS 表格公式的区别

数学公式	WPS 表格公式
1+1=	=1+1
2×2=	=2*2
(4+3)×2÷7=	=(4+3)*2/7

在 WPS 表格中，公式中的运算数可以是常量、单元格或区域的引用、名称或函数等；而运算符包含四类：算术运算符、比较运算符、文本运算符与引用运算符，其具体种类、功能见表 3-5。

表 3-5 WPS 运算符种类及功能

运算符种类	运算符举例	功能	运算举例	运算结果
算术运算符	+, −, *, /, ^	数据运算	=C1^D1 (C1=8，D1=2)	64
比较运算符	>, >=, <, <=, <>	数据比较	=A1>B1(A1=8，B1=3)	TRUE
文本运算符	&	文本连接	=A1&B1(A1=" 中国 "，B1=" 人 ")	中国人
引用运算符	:（冒号）	区域引用	=SUM(C1:E5) 计算 C1 至 E5 单元格所在区域的和 =SUM(5:5) 计算第 5 行中所有单元格的和 =SUM(A:E) 计算 A 至 E 列所有单元格的和	
	,（逗号）	联合运算	=SUM(B5:B15,D5:D15) 计算两个区域的和	
	（空格）	交叉运算	=SUM(B7:D10 C6:C11) 计算 B7:D10 区域和 C6:C11 区域的交叉部分的和，即为计算 C7:C10 区域的和	

（2）函数

函数是内置好的功能模块，通过调用便可完成简单或复杂的计算，而不需要手动用四则运算去完成。WPS 表格中，函数大概有 320 多个，而且有专门的【公式】选项卡管理这些函数，其大致分为"财务""逻辑""文本""日期与时间""查找与引用""数学与三角函数"及"其他函数"七大类。

函数的格式：= 函数名 (参数 1, 参数 2,…)

函数必须被包含在公式中，即必须以"="开头；它可以有多个参数，参数间用英文逗号来分隔；个别函数可以没有参数，但括号不能省略。表 3-6 列举了常见函数类型及使用举例。

表 3-6　常见函数类型及使用举例

函数类型	常见函数	使用举例
数学与三角函数	SUM：求和；AVERAGE：平均值；MAX：最大值；COUNT：数值计数；ABS：绝对值；SQRT：求平方根	=SQRT(9) 求数字 9 的平方根
财务	PMT：求贷款分期偿还额；PV：求某项投资的现值；DB：求资产的折旧值	=PMT(8%/12,10,-10000) 计算 10 个月付清的年利率为 8% 的 ¥10000 贷款的月支额
逻辑	AND：逻辑与；OR：逻辑或；NOT：逻辑非；IF：条件函数；IFERROR：检查是否存在错误的参数；ISNA：检测一个值是否为 #N/A	=AND(H3>60,H4>70) 判断 H3 的值是否大于 60，H4 的值是否大于 70，若两者均为真，则结果为真，否则为假
文本	LEFT：取左子串；RIGHT：取右子串；MID：求子串；LEN：求字符串长度	=MID（"中华人民共和国",3,2) 从字符串的第 3 位开始取 2 个字符，结果为"人民"
日期与时间	NOW：返回当前时间；YEAR：返回年份；TODAY：返回当前日期；WEEKDAY：返回用数字表示的星期几	=NOW( ) NOW 函数没有参数，返回当前的日期与时间值
查找与引用	ROW( )：求行序号；COLUMN( )：求列序号；VLOOKUP( )：在表区域搜索满足条件的单元格，返回指定列的值	=ROW(A3) 返回 A3 单元格所在的行号，结果为 3
信息	TYPE：以数字的形式返回参数值的类型；ISBLANK：判断引用单元格是否为空单元格	=TYPE(A3) （A3 值为数字 5） 返回 A3 单元格的数据类型，其值为 1（数值型）

操作提示

WPS 表格的帮助系统中为每个函数均提供了详细的视频讲解。

2　单元格引用

单元格引用用来指明公式中所使用的数据的位置，它可以是一个单元格的地址（如 A3），也可以是单元格区域。单元格引用，可以引用工作表中的不同数据，或者同一个工作簿不同工作表中的数据，还可引用不同工作簿的工作表中的数据，此时需要在单元格或区域引用前加上工作簿名称与工作表名称，引用格式为：[工作簿名] 工作表标签！单元格或区域。当公式中引用的单元格的值发生变化时，公式的计算结果也会自动更新。

WPS 表格在引用时，提供了三种引用方式：相对引用、绝对引用与混合引用。

（1）相对引用

相对引用是指包含在公式中的单元格与被引用单元格之间的相对位置。在移动与复制公式时，WPS 表格会根据移动的位置自动调整公式中的相对引用，即行号与列号会随着移动位置也跟随变化。例如，=SUM(A1:E1)，向下复制公式时，则变成了 =SUM(A2:E2)。

（2）绝对引用

绝对引用是在固定位置引用单元格。绝对引用的方式是在行号与列号前加上 $，如 B10，此时不论公式复制或移动到什么位置，绝对引用的单元格地址都不会改变。

（3）混合引用

有时候，只需要固定行号或列号，此时便可以采用混合引用。如 B$10，则表示相对列固定行；而 $B10，则表示固定列相对行。此时，在移动或复制公式时，公式中的相对引用改变，而绝对引用不变。

掌握这三种引用方式的联系与区别，合理应用能极大提高编辑公式的效率。

3　页面布局

WPS 表格中的【页面布局】与 WPS 文字中的【页面布局】有许多相似之处。这里只重点介绍 WPS 表格特有的相关选项设置。单击【页面布局】选项卡，会出现如图 3-22 所示的功能区。

图 3-22　【页面布局】功能区

（1）打印区域

选定要打印表格区域后，单击【打印区域】按钮，则只打印选定的区域。

（2）分页预览

若想清晰显示每页的打印范围，可以单击【分页预览】按钮。

（3）插入分页符

如果想在某个位置进行分页，选定位置后，单击【插入分页符】即可。打印缩放：有的时候需要将多个的区域打印在同一页内，或者将区域放大后打印，此时可以通过【打印缩放】的下拉列表框进行设置。

（4）打印标题或表头

当工作表的数据行较多时，第一页后的其他页的标题或表头不会被打印，这会影响数据的读取，此时单击【打印标题或表头】可以设置每页都打印标题或表头即可很好地解决这一问题。

（5）打印预览

为了节约纸张，在打印前，可以反复使用【打印预览】按钮预先查看打印效果是否满意，以便获得最佳打印效果。

成绩表的统计

三　任务实施

1 公式计算

在 WPS 表格中，有些运算可以使用运算符手动完成，如果有对应函数，则实现起来更快。WPS 表格将求和、平均值、计数、最大值与最小值函数集成在【自动求和】按钮中，展开【自动求和】的下拉列表框，选择相关函数即可快速完成函数的输入。

（1）计算总分

方法 ❶　使用公式。

步骤 ❶　选定结果所在单元格 I3。

步骤 ❷　在单元格内输入：=C3+D3+E3+F3+G3+H3，按 <Enter> 键即可，具体如图 3-23 所示。注意：为了实现公式的复制，不要输入具体的分数值，单击对应的单元格即可。

图 3-23　公式运算

方法 ❷ 使用函数。

步骤 ❶ 选定结果所在单元格 I4。

步骤 ❷ 单击【开始】或者【公式】|【自动求和】|【求和】命令。

步骤 ❸ 框选 C4 至 H4，即出现 "=SUM(C4:H4)" 时，按 <Enter> 键即可，具体如图 3-24 所示。

步骤 ❹ 双击 I4 单元格右下角的填充柄，即可以完成其他同学总分成绩的计算。

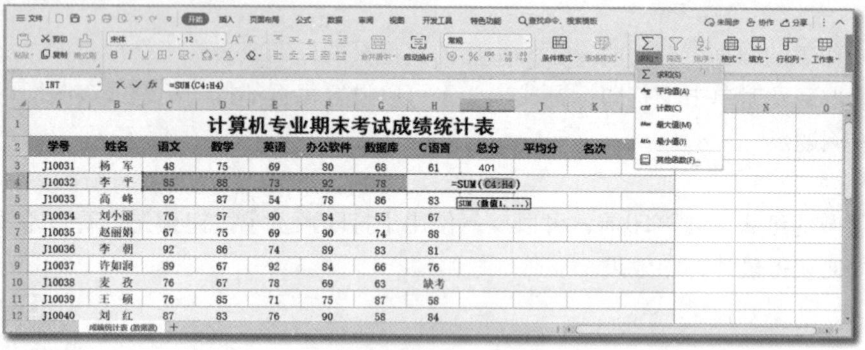

图 3-24 SUM 函数运算

方法 ❸ 使用 <Alt+=> 组合键。

步骤 ❶ 选定单元格区域 C3:I20。

步骤 ❷ 单击 <Alt+=> 组合键，即可快速完成所有同学总分成绩的计算。

（2）计算平均分

成绩表中，计算每个学生的平均分，既可以采用公式，也可以直接采用函数来完成。求平均分与求总分计算类似，参考图 3-25 自行尝试，完成每位同学平均分的计算。成绩表中，科目平均分的计算方法相同。

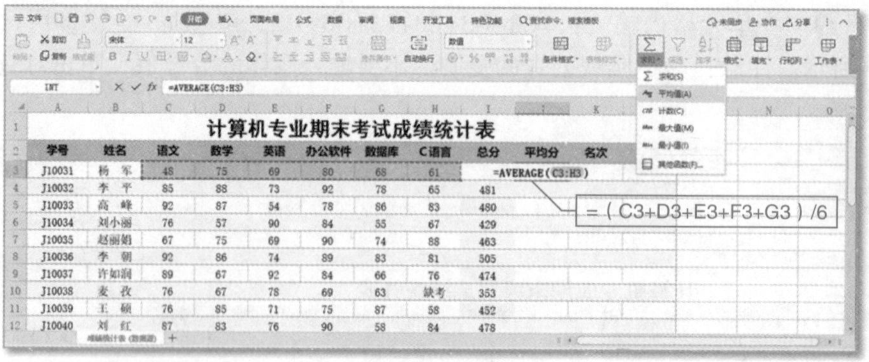

图 3-25 求平均值运算

（3）计算最大值、最小值

对于成绩表中科目最高分与最低分的计算，则采用【自动求和】中的【最大值(M)】即 MAX 函数与【最小值(I)】即 MIN 函数，可以轻松实现，请自行尝试，完成操作。

（4）计数

统计实考人数，实际上就是所有学生数减去缺考人数，但所有人数不需要人工去数，可以利用 COUNT 函数去实现这一操作，该函数的语法与功能如下。

语法：COUNT（值 1,…）

功能：返回包含数字的单元格以及参数列表中的数字的个数。COUNT 函数刚好可以实现统计该科目中有分数的单元格个数。具体可参见图 3–26 所示的操作。

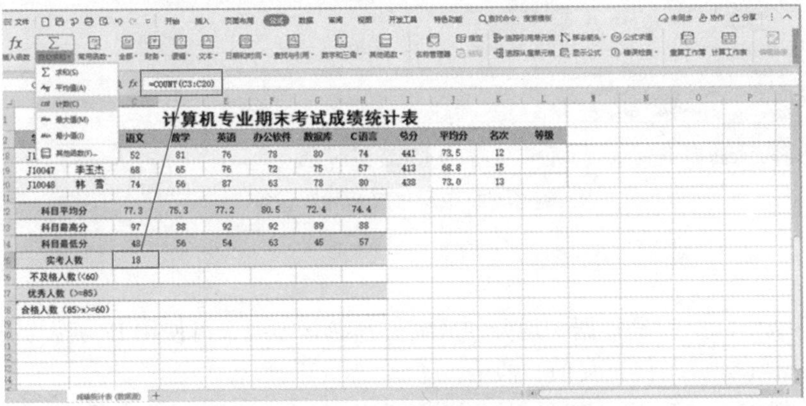

图 3–26　COUNT 计数函数

（5）计算名次

WPS 表格提供了三种函数 RANK、RANK.AVG、RANK.EQ 对数据进行排名，其中 RANK.AVG、RANK.EQ 是后来开发出来的排名函数，RANK.EQ 与 RANK 函数功能相同。

● RANK（数值,引用,[排名方式]）

功能：返回某数字在一列数字中相对其他数值的大小排名。

参数说明如下。

数值（必选）：待排名的数字。

引用（必选）：一组数或一个数字列表的引用，非数字值将被忽略。即待比较的一组数据。

排名方式（可选）：指定排名方式，如果为 0 或忽略，降序；非零值，升序。

● RANK.AVG（数值,引用,[排名方式]）

返回某数字在一列数字中相对其他数值的大小排名。如果多个数值排名相同，则返回平均值排名。

● RANK.EQ（数值,引用,[排名方式]）

返回某数字在一列数字中相对其他数值的大小排名。如果多个数值排名相同，则返回该数组值的最佳排名。

对于成绩表中的名次计算，可以使用 RANK 或 RANK.EQ 函数来实现。具体操作如图 3–27 所示。特别要注意的是第二个参数：待比较的一组数，由于每次比较数字范围都是 I3:I20，且向下复制公式时，必须使用绝对引用，所以，需要选择单元格区域时，按 <F4> 键，将其变为绝对地址表示。由于名次是按降序排列，所以第三个参数可以忽略不填。

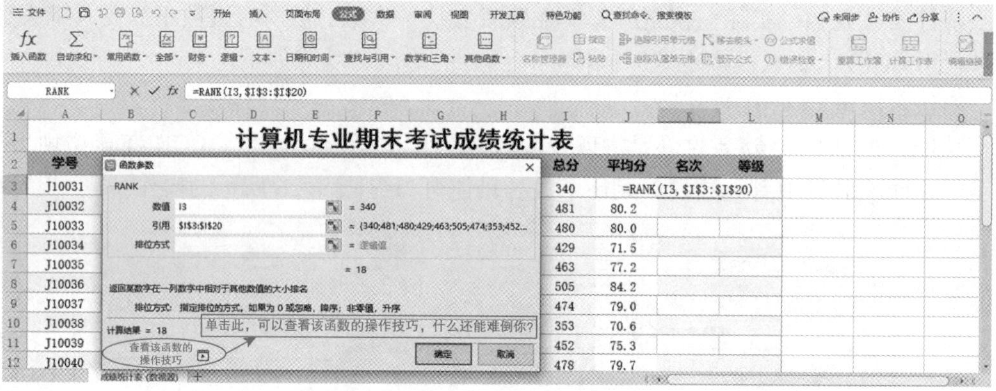

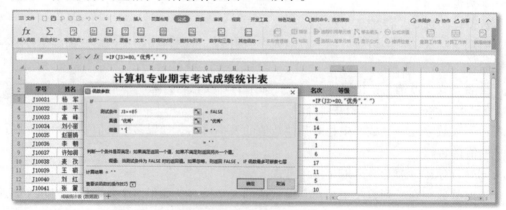

图 3-27 RANK 函数排名运算

（6）计算等级

计算等级实际上就是根据平均分的成绩去判断其等级，可使用 IF 函数实现。

格式：IF（测试条件，真值，假值）。

功能：判断一个条件是否满足；如果满足返回一个值，如果不满足则返回另外一个值。参数说明如下。

测试条件：计算结果可判断为 True 或 False 的数值或表达式，实现二选一的操作。

真值：当测试条件为 True 时的返回值。如果忽略则返回 True。真值可以是其他函数（包括 IF 函数）。函数中包含函数，被称为函数的嵌套。IF 函数最多可以嵌套 7 层。

假值：当测试条件为 False 时的返回值。如果忽略则返回 False。

在本节任务中，学生等级是根据平均分是否大于 85 分来判断，大于 85 分，则填写"优秀"，否则填写空格，具体操作如图 3-28 所示。

图 3-28 IF 函数计算等级

（7）统计三个分数段的人数

统计三个分数段的人数的方法与统计实考人数的区别在于有条件限制。此时可用条件计数函数来实现。单条件计数使用 COUNTIF 函数，而多条件计数则使用 COUNTIFS

函数。

（8）统计不及格人数

步骤❶　选定 C26 单元格。

步骤❷　单击【公式】|【其他函数】|【统计】中的 COUNTIF 函数，填写函数对话框，如图 3-29 所示，区域中框选 C3 至 C20，条件中输入"<60"，统计出语文不及格的人数。

图 3-29 COUNTIF 单条件计数函数

步骤❸　采用公式复制的方法，完成其他科目不及格人数的统计。

（9）统计 85 分及以上的人数

统计 85 分及以上的人数的方法与统计不及格人数的方法类似，请大家自行探索完成。

（10）统计 60 分至 85 分之间的人数

统计 60 分至 85 分之间的人数，实际上在统计时有两个条件。一是">=60"，二是"<85"，此时就要用 COUNTIFS 函数来完成，具体操作如图 3-30 所示。

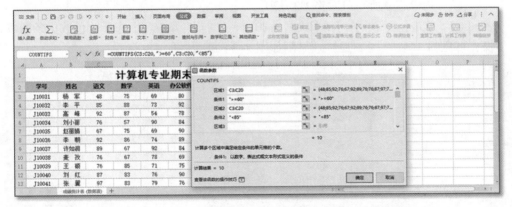

图 3-30 COUNTIFS 多条件计数函数

操作提示

在进行公式运算时，可能会因单元格引用不当、函数名称输入错误或者数据类型不符等问题出现一系列提示，如果想了解各种错误提示的真正问题所在，请参考"WPS 表格计算错误提示"文件。

2 条件格式

在 WPS 表格中，运用【条件格式】功能可以基于条件而更改单元格区域的外观，用以直观地筛选出多种多样的数据，达到以下效果：

- 突出显示所关注的单元格或单元格区域。
- 选取一些特殊值，如前 10 项等。
- 使用数据条、色阶和图标集来直观地显示数据。
- 新建、管理规则或清除当前已经设定的规则。

（1）将不及格科目成绩所在单元格填充为黄色

步骤❶ 选中各科成绩所在单元格 C3:H20。

步骤❷ 单击【条件格式】|【突出显示单元格规则(H)】|【小于(L)...】，再在文本框中输入 60，设置为"黄填充色深黄色文本"即可，具体如图 3-31 所示。

（2）将每科目成绩的最高分单元格以浅红色填充

步骤❶ 选中语文成绩所在单元格 C3:C20。

步骤❷ 单击【条件格式】|【项目选取规则(T)】|【前 10 项(T)...】，再在文本框中输入 1(前 1 项即为最大值)，设置为"浅红色填充"即可，具体如图 3-32 所示。

对于其他科目的最高分，请参考语文成绩最高分设置的方法逐一实现。

（3）将总分所在的单元格用蓝色渐变数据条表示

步骤❶ 选中总分所在单元格 H3:H20。

步骤❷ 单击【条件格式】|【数据条(D)】，在"渐变填充"中选择蓝色数据条即可，具体操作可见图 3-33 所示。最终效果图如图 3-34 所示。

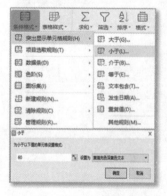

图 3-31 突出显示单元格规则

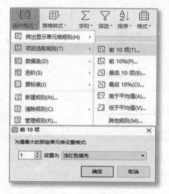

图 3-32 项目选取规则设置

图 3-33 数据条设置

图 3-34 条件格式设置效果图　　　　　图 3-35 新建格式规则

操作提示

在【条件格式】中，可以选择"其他规则"，将会打开如图 3-35所示的【新建格式规则】对话框，在"选择规则类型(S)"中，按6种列出的规则给单元格设置特定的显示格式，以直观呈现满足特殊条件的单元格。如果取消条件格式，可在图 3-33中选择【清除规则(C)】|【清除所选单元格规则(S)】即可。

3 显示与打印设置

（1）显示每个学生的成绩表时，要求前 2 行与前 2 列始终显示在屏幕上

在 WPS 表格中，如果行数特别多，鼠标向下滚动时，可能看不到标题行与标题列，导致数据识别困难，此时如果能将标题行与标题列始终固定在屏幕上，就解决了这一难题，可以采用【视图】|【冻结窗格】来实现。

冻结窗格有三个选项：冻结首行、冻结首列以及冻结至活动单元格的上一行及前一列（如活动单元格是 L3，则将冻结至第 2 行第 K 列）。

本节任务中显示每个学生的成绩表时，要求前 2 行与前 2 列始终显示在屏幕上，则选定 C3 单元格后，再单击【冻结至第 2 行 B 列 (F)】即可实现。具体参见图 3-36。

图 3-36 冻结窗格　　　　　图 3-37 【页面设置】对话框

操作提示 ────────────────────────────────────

如果查看的表格数据过多，此时，还可以使用【视图】|【拆分窗口】，拆分窗口，工作表最多可分成四个窗口，互不影响地查看工作表的各个部分。

（2）打印学生成绩表时，要求每页中含有标题行与标题列

在打印前，单击【打印标题或表头】，在打开的如图 3-37 所示的【页面设置】对话框中，单击【顶端标题行】右侧的按钮，然后选中前两行，再单击【打印预览】按钮，在打印预览页面中可以看到前2行会显示在其他页面上，最后单击【确定】按钮即可。用同样的方法设置标题列。

四　思维导图

本节知识结构如图 3-38 所示。通过成绩表统计，学习了公式、几种常用函数、条件格式以及打印设置等知识。

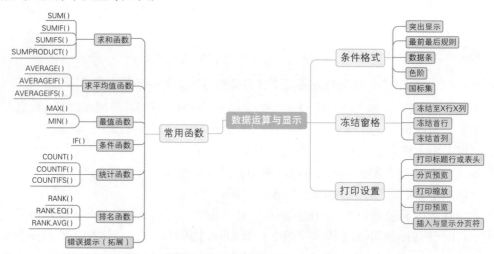

图 3-38　成绩表统计思维导图

五　课堂练习

1. 制作九九乘法表（提示：运用相对地址、绝对地址的相关知识）。

2. 针对给定的数据源：员工工资表 .et，完成如下操作：

1）计算"入职年限奖"（入职年限奖 = 工龄 *20，工龄以年为单位，不足一年不算）。

2）计算"扣税"。

按基本工资扣税方法：基本工资 ≤ 5000，不扣税；基本工资 ≥ 7000，扣税 5%；5000< 基本工资 <7000，扣税 3%。

3）计算"实发工资"（实发工资 = 基本工资 + 奖金 + 入职年限奖 − 扣税）。

4）统计财务科具有硕士学历的人数。

5）计算生产科所有员工的基本工资总和（提示：使用 SUMIF/SUMPRODUCT 函数）。

6）计算销售科本科学历的员工应发工资总和（提示：使用 SUMIFS/SUMPRODUCT 函数）。

7）计算公关科所有员工的基本工资的平均值（提示：使用 AVERAGEIF 函数）。

8）计算后勤科硕士学历员工应发工资的平均值（提示：使用 AVERAGEIFS 函数）。

9）将工资表从第13行处拆分成2个工作表，利于在多个窗口中查看工资表中的数据。

10）打印工资表时，每页都能将表格标题行与标题列打印出来。

说明：使用 WPS 自带的函数学习视频完成函数的学习与灵活运用。

第三节　工资表的分析

一　任务描述

月末了，财务科小王要根据考勤与加班情况计算员工工资，并对工资进行汇总与分析，部分员工工资见表 3–7，部分员工考勤见表 3–8，考勤奖惩见表 3–9。

1　任务要求

（1）删除重复数据

删除"员工工资表"中的重复数据行。

（2）数据运算

●根据"员工考勤表"与"考勤奖惩表"中的数据，计算"员工工资表"中的加班补助、缺勤扣款与实发工资。

●将"员工工资表"复制三份，分别命名为"个人工资单""工资表分类汇总"与"工资表筛选"。

（3）数据分析—排序

将"个人工资单"的"部门"字段按"笔画"升序排序，并制作出个人工资单。

（4）数据分析—分类汇总

●在"工资表分类汇总"中统计出各部门的实发工资总和。

●在"个人工资单"按部门分类的基础上，统计出各部门各种学历中基本工资的最高值。

（5）数据分析—筛选

- 在"工资表筛选"中查找出销售科实发工资超过 7000 元的员工信息。
- 在"员工考勤表"中查找出生产科或财务科加班次数不小于 3 次的员工信息。

表 3-7　员工工资表

员 工 工 资 表								
工号	姓名	部门	学历	基本工资	奖金	加班补助	缺勤扣款	实发工资
CFT_001	袁霞	财务科	本科	5847	350			
CFT_002	李龙	后勤科	本科	5987	532			
CFT_003	李丽	公共科	本科	5799	400			
CFT_004	董飞	公共科	本科	6024	500			
CFT_005	王华	财务科	硕士	6800	525			
CFT_006	江涛	后勤科	本科	7000	557			
CFT_007	李元元	后勤科	本科	6000	589			
…	…	…	…	…	…			

表 3-8　员工考勤表

员 工 考 勤 表							
工号	姓名	科室	考核时间	迟到	早退	旷工	加班
CFT_001	袁霞	财务科	2021 年 1 月	2	0	0	1
CFT_002	李龙	后勤科	2021 年 1 月	0	0	0	0
CFT_003	李丽	公共科	2021 年 1 月	0	0	1	2
CFT_004	董飞	公共科	2021 年 1 月	0	0	0	0
CFT_005	王华	财务科	2021 年 1 月	0	1	0	3
CFT_006	江涛	后勤科	2021 年 1 月	0	0	0	0
CFT_007	李元元	后勤科	2021 年 1 月	1	0	0	0
…	…	…	…	…	…	…	…

表 3-9　考勤奖惩表

考 勤 奖 惩 表			
迟到（次）	早退（次）	旷工（次）	加班（次）
−50	−50	−300	200

2 任务分析

1）删除"员工工资表"中的重复数据行，可以采用【数据】|【删除重复项】一次性去掉重复数据行。

2）利用公式，完成根据"加班补助""缺勤扣款"与"实发工资"的计算。

3）利用快捷菜单，快速完成"员工工资表"的复制与更名。

4）通过添加列标题行与空行，利用【排序】功能有效制作出"个人工资单"。

5）利用【分类汇总】功能可以快速统计出各部门的工资总和，及按部门统计出各学历基本工资的最高值。

6）利用【自动筛选】或【高级筛选】查找出"工资表筛选"中销售科实发工资超过 7000 元的员工信息。

7）利用【自动筛选】或【高级筛选】查找出"员工考勤表"中生产科或财务科加班次数超过 3 次的员工信息。

二 预备知识

1 数据清单

数据清单是一种包含多列标题和多行数据且同列数据的类型和格式完全相同的工作表。数据清单的每一列标题称为一个字段，每一行数据称为一条记录。WPS 表格可以对数据清单执行各种数据管理和分析操作，包括排序、筛选以及分类汇总等数据的基本操作。

2 重复项

在 WPS 表格中，有强大的【数据对比】功能，可以在不同的【区域内】【两区域】【工作表内】与【两工作表】内对数据进行对比。可以对重复的数据进行高亮显示，还可以【删除重复项】以及【拒绝录入重复项】等操作，快速剔除重复项，以及在录入数据时如果出现重复数据，会有效地进行提醒，在一定程度上确保录入数据的准确性。这些功能可在如图 3-39 所示的【数据】功能区中找到对应命令完成相关设置。

图 3-39 【数据】功能区

3 排序

将工作表中选定的数据区域根据选定的关键字按指定的方式与一定的顺序进行排列，称为排序。在 WPS 表格中，【数据】或【开始】功能区中均有相关命令可以实现排序的操作。WPS 表格提供了两种排序方式。

（1）单关键字排序

在选定的待排序的数据区域中，只针对某一个字段（这里称主要关键字）的值按【升序】（将最小值排列在最顶端）或【降序】（将最大值排列在最顶端）对数据记录进行排列的过程，称单关键字排序。

（2）多关键字排序

在选定的待排序的数据区域中，需要针对多个关键字排序，即先按主关键字排序，主关键字值相同的情况下，再按次关键字的值对数据记录进行排序的过程，称多关键字排序。在选择"自定义排序 ..."后，通过"添加条件"便可实现多关键字排序。多关键字排序时，先根据主关键字排序，只有主关键字的值相同时，才按次关键字排序。

在排序时，可分别按四种"排序依据"与三种"次序"进行，还可设定排序【选项(O)...】，具体可参见图 3-40 所示。

图 3-40 【排序】对话框

"排序依据"中单元格"数值"很好理解，但"单元格颜色""字体颜色""单元格图标"不常见，却能达到独特的排序效果。

"次序"中的"升序""降序"很好理解，也最常见，但"自定义序列 ..."却不多见，它能根据自定义序列或系统中已经定义好的序列去排序，以满足一些特殊排序的要求。

"排序选项"中如果需要区分大小写，可勾选"区分大小写 (C)"前面的复选框；可设定排序的方向是"按列排序 (T)"或"按行排序 (L)"；还可设置排序的方式是"拼音排序 (S)"或"笔画排序 (R)"。

4 分类汇总

分类汇总是先按照某一标准进行分类，然后根据分类的结果再对相关数据进行求和、计数、平均值、最大值、最小值等操作，称为分类汇总。分类汇总分两步进行。

步骤❶ 分类：也即排序。

步骤❷ 汇总：填写如图 3-41 所示的【分类汇总】对话框，包括以下内容。

● 分类字段：已排序的字段（若选择没有排序的字段，结果会怎样？）。

● 汇总方式：包括求和在内的 11 种汇总方式。

● 选定汇总项：包括工作表中的所有字段。

● 替换当前分类汇总：代表新执行的分类汇总将取代前面的分类汇总结果。

图 3-41 【分类汇总】对话框

- 每组数据分页：指打印时是否分页打印。
- 汇总结果显示在数据下方：指分类汇总的结果是显示在数据源的上方还是下方。

5 筛选

数据筛选是从许多数据中，查找出满足条件的数据。WPS 表格提供了【自动筛选】与【高级筛选】的功能。

【自动筛选】简单方便，可以完成多个字段并列条件的筛选操作。如果条件过多，或者有需要对不同字段实现"或者"关系的筛选，用【高级筛选】则能很好地实现！

三 任务实施

数据排序与
删除重复项

1 删除重复数据

删除"员工工资表"中的重复数据行

步骤❶ 单击【数据】|【删除重复项】，会出现如图 3-42 所示的【删除重复项】对话框。

步骤❷ 单击【删除重复项 (R)】按钮，再单击【确定】按钮，WPS 表格将自动删除重复项。

课堂随笔

图 3-42 【删除重复项】对话框

2 数据运算

（1）利用公式，"员工工资表"完成"加班补助""缺勤扣款"与"实发工资"的计算

学习了第二节的公式与函数，这里的数据运算很简单，具体可参考图 3-43 所示的公式。

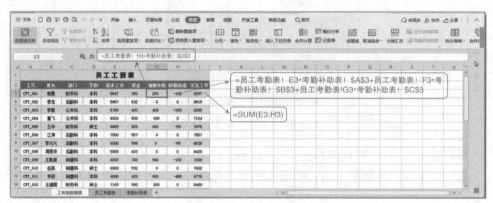

图 3-43 数据运算公式

（2）将计算完毕的"员工工资表"复制三份，分别命名为"个人工资单""工资表分类汇总"与"工资表筛选"

方法：按住 <Ctrl> 键，拖动"员工工资表"置于其他位置，重复这一操作两次，再改为指定的工作表名即可。

3 排序

将"个人工资单"的"部门"字段按"笔画"升序排序，并制作出个人工资单。

制作个人工资单前，先了解一下工资条的组成：列标题行＋员工工资信息行＋空白行，共三行组成，空白行以示区别。所以还需复制一些标题行，添加一些空白行，参与个人工资条的制作。

步骤❶ 选中"部门"列中的任意单元格。

步骤❷ 单击【数据】|【排序】按钮，在图 3-44所示的【排序】对话框中做如下设置：【主要关键字】选择"部门"；【排序依据】选择"数值"，【次序】选择"升序"，单击【选项(O)...】按钮，在【方式】中选择"笔画排序(R)"。

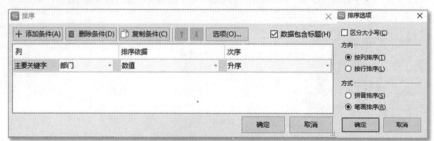

图 3-44 【排序】对话框

步骤 ❸　复制"个人工资单"中的第 2 行（列标题行），再选中第 3~31 行，右击，在快捷菜单中选择【插入复制单元格】命令，此时共得到 30 个标题行。

步骤 ❹　在 J2:J31、J62:J91 单元格区域中，分别编号为 1 至 31（注：为了让工资单看起来更美观，格式更统一，请将 J32:J61 员工数据信息行填充成统一的颜色，再将 30 个空白行的行高设置成与数据信息行的行高值相等）。

步骤 ❺　选 J 列中的任意单元格，单击【数据】|【升序】按钮。

步骤 ❻　删除 J 列，即可得到如图 3-45 所示的"个人工资单"。

图 3-45　部分个人工资单

4　分类汇总

各部门工资的总和可以使用条件求和函数 SUMIF 或 SUMIFS 来完成，但计算起来比较麻烦，而 WPS 表格中提供的分类汇总功能十分强大、高效。

（1）在"工资表中分类汇总"中统计出各部门的实发工资总和

步骤 ❶　选中"部门"列中的任意单元格。

步骤 ❷　单击【数据】|【排序】，将主要关键字设置为"部门"，单击【确定】按钮。

步骤 ❸　单击【数据】|【分类汇总】，在出现的对话框中，在【分类字段】中选择"部门"，在【汇总方式】中选择"求和"，在【选定汇总项】中仅勾选"实发工资"，其他复选框不变，单击【确定】按钮即可看到如图 3-46 所示的结果。

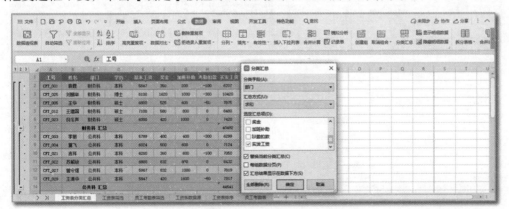

图 3-46　【分类汇总】设置与效果图

（2）在汇总结果的基础上，按部门统计出各种学历中基本工资的最高值

步骤 ❶ 单击汇总结果中的任意单元格。

步骤 ❷ 再次排序，主关键字为"部门"，次关键字为"学历"。

步骤 ❸ 单击【数据】|【分类汇总】，在出现的对话框中，将【分类字段】设为"学历"，在【汇总方式】中选择"最大值"，在【选定汇总项】中仅勾选"基本工资"，取消【替换当前分类汇总(C)】前的复选框，单击【确定】按钮即可看到如图 3-47 所示的结果。

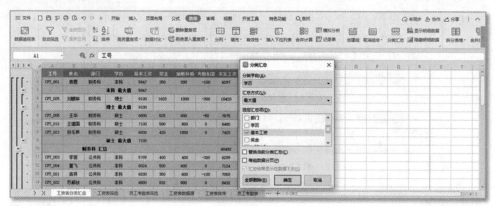

图 3-47 二级分类汇总设置及效果图

5 筛选

（1）在"工资表筛选"中查找出销售科实发工资超过 7000 元的员工信息

根据要求，需要筛选的字段不多，且呈并列关系，用【自动筛选】实现。

步骤 ❶ 单击"工资表筛选"中有数据的任意单元格。

步骤 ❷ 单击【数据】|【自动筛选】，单击"部门"列中的【自动筛选】按钮，在打开的如图 3-48 所示的对话框中，先取消全选，再勾选"销售科"复选框，单击【确定】按钮，此时，只保留了所有销售科的员工记录。

图 3-48 自动筛选

步骤 ❸ 单击"实发工资"列中的【自动筛选】按钮，在打开的如图 3-49 所示的对话框中，选择【数字筛选】｜【大于或等于】或者【自定义筛选】，在打开的【自定义自动筛选方式】对话框中，在"大于或等于"右边的文本框中输入 7000，单击【确定】按钮，即可查找出销售科实发工资超过 7000 元的 4 条员工信息。

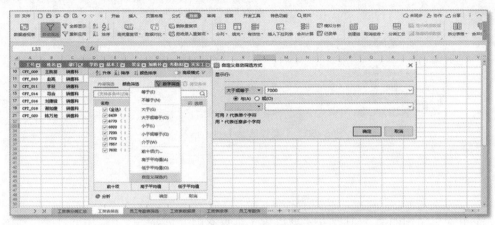

图 3-49 【自定义自动筛选方式】对话框

操作提示

在图 3-49 中仔细观察：可按【内容筛选】【颜色筛选】，还可按【数字筛选】，关键看需要筛选什么样的数据。如果单元格有填充颜色，就可以按颜色筛选。除此之外，还可以试试【升序】【降序】【颜色排序】以及【分析】功能。

筛选时可以使用通配符进行模糊匹配。使用"*"表示零个或多个字符，使用"？"表示一个字符，如果要表示"*"或"？"本身，可以在符号之前加上"~"。

（2）在"员工考勤表"中查找出生产科或财务科加班次数不小于 3 次的员工信息尝试用【高级筛选】实现。

步骤 ❶ 复制"员工考勤表"中的第二行（列标题行），粘贴至 J2 单元格。

步骤 ❷ 分别在 L3、L4 单元格中输入"财务科"与"生产科"，在 Q3、Q4 单元格中均输入">=3"。

步骤 ❸ 单击"员工考勤表"中有数据的任意单元格。

步骤 ❹ 单击【开始】｜【筛选】｜【高级筛选 (A)...】，设置对话框，如图 3-50所示。

● 列表区域（L）：系统一般自动捕捉，这里是 A2:H32。

● 条件区域（C）：条件区域，选中 J2:Q4 单元格区域。

● 复制到（T）：如果【方式】中选择【筛选结果复制到其它位置】，则单击 J6（结果所在单元格的起始区域），最后，单击【确定】按钮，即可得到如图 3-50 所示的 7条记录。

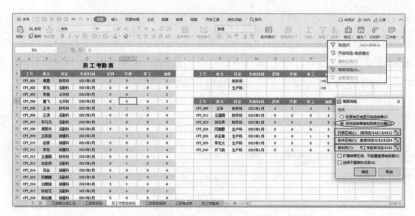

图 3-50 【高级筛选】对话框及结果

四 思维导图

本节知识结构如图 3-51 所示。通过员工工资表的分析，学习了数据的排序、筛选、分类汇总等知识。

图 3-51 数据分析思维导图

五 课堂练习

针对给定的数据源：第一学期成绩表 .et，完成如下操作。

1）在"期末成绩"工作表中，学号的第 4、5 位代表班号，请根据"多表对照"工作表中关于班号与班级的对应关系，将班级信息填入到"期末成绩"工作表中（操作提示：可使用 MID 函数与 VLOOKUP 函数）。

2）"期末成绩"工作表复制三份，分别命名为"期末成绩排序""期末成绩分类汇总"与"期末成绩筛选"。

3）在"期末成绩排序"工作表中，对班级进行排序，且班级按1班至19班的顺序排列。

4）在"期末成绩分类汇总"工作表中，按照班级求出单科成绩的最高分。

5）在"期末成绩筛选"工作表中，筛选出三好学生。三好学生的条件如下：

● 操行等级为"优"。

● 语文、数学、英语单科成绩在 90 分及以上。

● 其他科目成绩在 80 分及以上。

● 平均成绩在 95 分及以上。

第四节　图书销售明细表的呈现

一　任务描述

　　信息部的工作人员小刘需对"FC公司"的图书信息进行深层次地分析与直观化地呈现，为来年的运营提供参考，其中部分图书订单明细见表 3-10，部分图书信息见表 3-11。

表 3-10　FC 公司图书订单明细表

FC 公司图书销售明细表

订单编号	日期	书店名称	图书名称	单价（元）	销量（本）	所属区域	销售额小计
FC-06901	2019/1/2	新华书店	《信息技术》	41	54	南区	2230
FC-06902	2019/1/4	博士书店	《JAVASCRIPT 程序设计》	44	39	南区	1712
FC-06903	2019/1/4	博士书店	《操作系统原理》	41	29	东区	1192
FC-06904	2019/1/5	中心书店	《MySQL 数据库程序设计》	39	40	东区	1568
FC-06905	2019/1/6	新华书店	《WPS 高级应用》	36	52	南区	1888
FC-06906	2019/1/9	新华书店	《网络技术》	35	23	西区	803
...	...	...	...	...	...	...	...

表 3-11　FC 公司图书信息表

图书名称	单价（元）
《信息技术》	41
《JAVASCRIPT 程序设计》	44
《操作系统原理》	41
《MySQL 数据库程序设计》	39
《WPS 高级应用》	36
《网络技术》	35
《数据库原理》	43
...	...

课堂随笔

1 任务要求

（1）建立图表

● 对"FC 公司图书信息表"中的图书信息选择合适的图表类型建立图表。

● 对上面生成的图表进行编辑与美化。

（2）数据透视表、透视图

● 根据"FC 公司图书订单明细表"的数据，根据不同区域，统计各图书在各书店的销售额。

● 根据"FC 公司图书订单明细表"的数据，根据书店，统计各图书不同月份的销售额。

● 根据"FC 公司图书订单明细表"的数据，根据书店，统计各图书各地区在不同季度的销量平均值；制作出数据透视图；并利用切片器查看透视表与透视图中"博士书店""东区""第一季度"各图书的平均销量。

2 任务分析

1）对"FC 公司图书信息表"中的图书信息建立图表，可以使用【插入】|【图表】来实现。

2）通过对图表元素、图表各区域、图表效果等进行编辑与修饰，达到图表编辑与美化的效果。

3）根据"FC 公司图书订单明细表"的数据，可以使用【插入】|【数据透视表】来实现数据的统计与分析；通过对透视表的四大组成部分："筛选器""行""列"与"值"的变换设置达到不同分析与统计的效果；再利用切片器快速切换数据，最后使用透视图或透视表的形式呈现分析的数据，完成任务要求（2）中的所有操作。

二 预备知识

1 图表

图表是以图形化的方式直观形象地呈现工作表中的数据，使用户更方便地查看数据构成比例、变化趋势及相互联系等。

（1）常见图表类型

WPS 表格的图表类型有 10 多种，分别为柱形图、条形图、折线图、饼图、面积图、散点图、雷达图、股价图、散点图与组合图等。每一种类型又有 2~6 种子图表类型。不同图表的表达形式各不相同，图表表示数据之间的某种联系，如何选择合适的图表，有一定的规律可循。常用图表类型、样例及用途见表 3-12。

表 3-12　常用图表类型、样例及用途

图表类型	样例	用途
柱形图	**各车间不合格产品数** 第一车间 132，第二车间 65，第三车间 238，第四车间 252	柱形图用来显示在一段时间内数据的变化或者各数据之间的比较情况。其利用柱子的高度，反映数据差异
条形图	**各车间不合格产品数** 第八车间 55，第七车间 154，第六车间 108，第五车间 342，第四车间 252，第三车间 238，第二车间 65，第一车间 132	条形图用来显示各个数据之间的比较，可以看作是柱形图的水平表示。其利用数据条的长度反映数据差异。通常用于较多数据项之间的比较
拆线图	**不合格产品个数** 一月 至 八月	折线图适合表示一个或多个二维的大数据集。通常用来反映数据随时间变化的情况
饼图	**各车间不合格产品数** 一车间，12.8%；二车间，6.3%；三车间，23.1%；四车间，24.5%；五车间，33.2%	饼图用于表示部分与整体的关系，适用表示简单的占比比例图。明确显示数据的比较情况
面积图	**各车间不合格产品数** 一车间，二车间 65，三车间 238，四车间 252，五车间 312	面积图可以用来展示变化的幅度，判断两变量之间是否存在某种关联

课堂笔随

（续）

图表类型	样例	用途
散点图	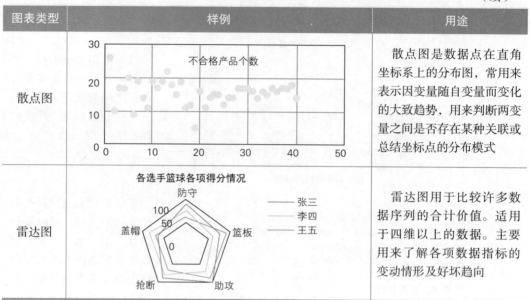	散点图是数据点在直角坐标系上的分布图，常用来表示因变量随自变量而变化的大致趋势，用来判断两变量之间是否存在某种关联或总结坐标点的分布模式
雷达图	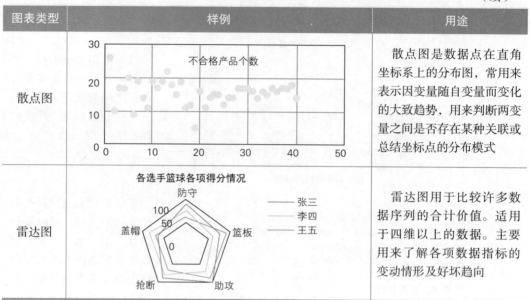	雷达图用于比较许多数据序列的合计价值。适用于四维以上的数据。主要用来了解各项数据指标的变动情形及好坏趋向

- 比较关系：柱形图、条形图。
- 变化趋势：折线图、面积图、股价图。
- 构成比例：饼图、圆环图。
- 相互联系：气泡图、散点图、雷达图。

（2）图表的组成

图表由许多元素组成，如图3-52所示，通常包括绘图区、图表标题、图例、数据系列、数据标签、网格线、纵坐标轴、横坐标轴和坐标轴标题。

- 标题：包括图表标题、纵坐标轴标题与横坐标轴标题。
- 图表区：即图表所在的区域，图表的所有要素都放置在图表区中。

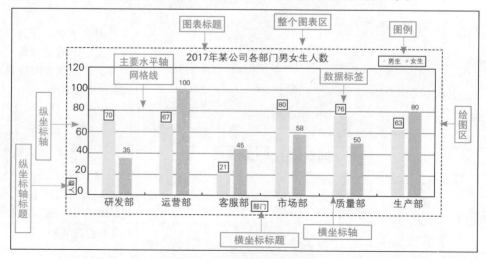

图3-52　图表各组成部分

- 绘图区：图表的主体部分，是展示数据图形的区域。
- 图例：显示数据系列名称及其对应的图案和颜色。
- 坐标轴：由两部分组成，即横坐标轴与纵坐标轴。

操作提示

图 3-52 中的图表元素只是一种通常情况，并不是每一个图表都需要图 3-52 上的所有元素，具体视需要而定。另外，不同的图表类型包含的图表元素不完全相同，如饼图中就没有坐标轴。

（3）图表的相关概念
- 数据源：建立图表时所依据的数据来源。
- 数据系列：由一组数据生成的系列，可选择按行生成或按列生成。因此，在设计图表时，可以通过"切换行列"来改变图表的布局。
- 数据标签：表示组成数据系列的数据点的值。它包括数据点的值、系列名称、类别名称等形式。

（4）建立图表的方法

方法❶ 利用【全部图表】法。
步骤❶ 先选择待建立图表的数据。
步骤❷ 单击【插入】|【全部图表】，在打开的如图 3-53 所示的对话框中，先选择图表类型，再选择图表子类型。
步骤❸ 单击【插入】按钮即可生成图表。

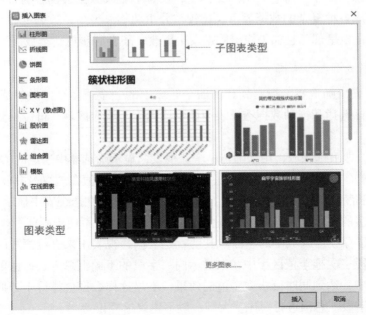

图 3-53 "插入图表"对话框

此时，WPS 表格会增加【图表工具】【绘图工具】与【文本工具】三个选项卡。其中【图表工具】功能区如图 3-54 所示。在此可以重新选择图表数据、更改图表类型、切换行列、选择对应图表元素、添加图表元素、快速布局、更改颜色、选择图表样式、设定图表格式与移动图表等操作。

图 3-54 【图表工具】功能区

方法❷ 利用【指定图表】法。

步骤❶ 先选择待建立图表的数据。

步骤❷ 单击【插入】|【指定图表类型】，选择【子图表类型】即可。此后操作同方法 1（提示：步骤 1 与步骤 2 的顺序可以互换）。

操作提示

若需要对图表各元素进行修改，选定图表元素后，通过快捷菜单选择对应的操作即可。双击或者按 <Ctrl+1> 组合键，可打开对应元素"属性"框，进行相关设置。

2 数据透视表

数据透视表是一种交互式报表，具有超级强大而又灵活的数据汇总功能，集筛选、排序与分类汇总功能于一身。在实际操作中，设置与更改数据透视表的布局，能以不同的视角快速完成各种复杂的数据显示、比较与分析功能。另外，数据透视表可以通过数据透视图直观化地呈现，且如果原始数据发生更改，还会同步更新至数据透视表。

（1）数据透视表的结构

数据透视表由筛选器、行、列和值四个区域中的一个或多个区域组成，如图 3-55 所示。通过鼠标选择和拖动数据透视表中的字段列表至相应区域，可以得到不同的数据透视表。

● 筛选器：即筛选区域，用来筛选整个透视表，显示筛选器中选定的数据。

● 行：用于存放在行区域中的字段，行字段中的每个取值在透视表中显示一行。

● 列：用于存放在列区域中的字段。列字段的不同取值在透视表中显示为一列（注：如果把取值过多的字段放入列区域中，会导致透视表变宽，不便于浏览）。

● 值：用于存放值区域中的字段。其值就是数据透视表用来进行汇总的值。可以将同一个数值字段多次拖至值区域中，以显示同一字段的不同汇总方式；也可将不同的字段置于值区域中，达到同时分析多个值的效果，不过这样数据会显得十分拥挤，除非要对值中的多个字段汇总值进行对比，否则一般不建议这样设置。

图 3-55 数据透视表的组成区域

（2）建立数据透视表的方法

步骤❶ 选中数据源的任意单元格。

步骤❷ 单击【插入】|【数据透视表】，在打开的【创建数据透视表】对话框中：

● 选择要分析的数据。

● 选择放置数据透视表的位置（可选择"新工作表"或"现有工作表"）后，单击【确定】按钮将出现如图 3-56 所示的"数据透视表"设置对话框。

步骤❸ 将"字段列表"区域中的字段拖动至"数据透视表区域"的对应位置，例如，

● 筛选器："所属区域"字段。

● 列："书店名称"字段。

● 行："图书名称"字段。

● 值："销售额"字段，汇总方式为默认"求和"。

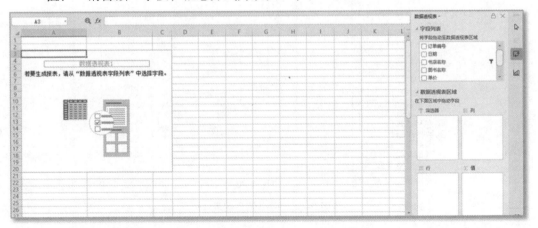

图 3-56 "数据透视表"设置对话框

即可生成如图 3-57 所示的数据透视表。在【分析】功能区中，可以进行【字段设置】【插入切片器】【更改数据源】【移动数据透视表】【删除数据透视表】与【数据透视图】等操作。

课堂随笔

图 3-57 数据透视表

图表的创建
与美化

三 任务实施

1 建立图表

（1）为"FC公司图书信息表"中的图书信息选择合适的图表类型，建立图表

根据"FC公司图书信息表"中的数据，只有"图书名称"与"单价"两列，数据简单，但由于图书种类较多，最好选择"条形图"更直观地呈现图书单价。

步骤❶　先选择待建立图表的数据区域 A1:B18。

步骤❷　单击【插入】|【全部图表】|【条形图】|【簇状条形图】。

步骤❸　单击【插入】按钮即可生成如图 3-58 所示的图表。

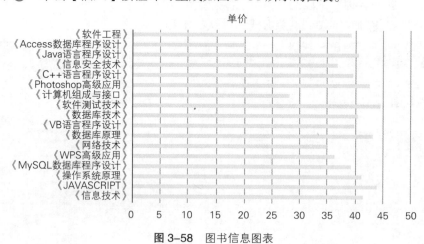

图 3-58 图书信息图表

（2）对生成的图书信息图表进行编辑与美化

纵观图书信息图表，可以对其做如下的编辑与美化设置，效果如图 3-59 所示。

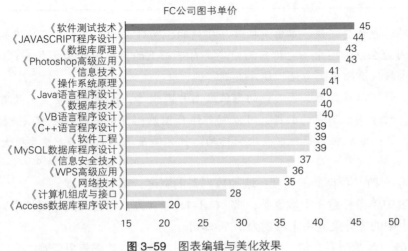

图 3-59　图表编辑与美化效果

步骤 ❶　编辑图表标题：让图表作用更具体。

双击图 3-58 中的图表标题"单价"，将其改成"FC 公司图书单价"，并将字体设置为"黑体，12 号"。

步骤 ❷　添加图例：让数据条项目名称更清晰。

单击【图表工具】|【添加元素】|【图例】|【右侧】即可。

步骤 ❸　更改横坐标轴的最值：将最大值设置为 50，最小值设置为 15，更符合实际。

选中"横坐标轴"，双击或按 <Ctrl+1> 组合键，在【坐标轴】中将【边界】中的最大值输入 50，最小值输入 15 即可。

步骤 ❹　添加数据标签：使数据条的值一目了然。

单击图表中的任意一根数据条，右击，在快捷菜单中，选择【添加数据标签(B)】即可。

步骤 ❺　去掉网格线：没有网格线，画面更清爽。

单击图表中的任意一根网格线，按 <Delete> 键即可。

步骤 ❻　对单价排序：将单价按升序排列，图表跟随变化，更易于查看单价变化趋势。

在数据源中对"单价"字段按升序方式排序，即可看到图表的变化，单价最高的图书排列在最上面，单价最低的图书排列在最下面，图表数据条看起来更有序。

步骤 ❼　改变数据条的颜色：将单价最高图书数据条填充红色，将单价最低图书数据条填充黄色，对比更强。

在图表中双击单价最高的图书《软件测试技术》所在数据条，按 <Ctrl+1> 组合键，在打开的【属性】对话框中，将其填充色设为纯色填充中的"红色"；双击单价最低的图书《Access 数据库程序设计》所在数据条，将其填充色设为纯色填充中的"黄色"，即可看到这两本书所在的数据条更显眼。

操作提示 ————————————————————————————————————

细心的你也许会发现，单价是按升序排列的，为什么在图表中是降序排列的？

那是因为在条形图中，它排列的顺序是自下而上的，要想让其按自上到下的顺序构建，在纵坐标轴选项中，勾选"逆序类别"。

另外，还可以将数据条用其他的形状或图片来代替，达到特殊的显示效果。

最后，对于两组不同的数据，可以制作组合图表，其中一组数据可以选择放在"主坐标轴"，另一组数据选择放在"次坐标轴"，完美呈现不同数据或差异很大的数据。

步骤 ⑧ 改变数据条的宽度：增加数据条的宽度，图表更美观。

在图表中单击任意一根数据条，按 <Ctrl+1> 组合键，在打开的【属性】对话框中，将【系列】中的【分类间距】设置为 70% 即可。

步骤 ⑨ 改变图表背景：给图表添加一张图片背景，让图表更美观。

先找一张契合图表主题的背景，然后在【属性】对话框中，单击【填充与线条】|【填充】|【图片或纹理填充 (P)】|【图片填充】|【请选择图片】|【本地文件】，在计算机中找到背景图片，即可看到图 3-58 所示效果，如果图片太抢眼，影响图表主体效果，可设置其透明度至合适值即可。

② 数据透视表、透视图

透视表、透视图
与切片器

（1）根据"FC 公司图书订单明细表"的数据，按不同区域，统计各图书在各书店的销售额

将"所属区域"置于【筛选器】中，"图书名称"置于【行】中，"书店名称"置于【列】中，"销售额小计"置于【值】中，即可实现要求。

步骤 ❶ 将光标定位到"FC 公司图书订单明细表"中的任意单元格。

步骤 ❷ 单击【插入】|【数据透视表】，在打开的【创建透视表】对话框中，【选择要分析的数据】|【选择放置数据透视表的位置】，将数据透视表置于"新工作表"中。

步骤 ❸ 将"所属区域"拖放至【筛选器】中，"图书名称"拖放在【行】中，"书店名称"拖放在【列】中，"销售额小计"拖放在【值】中，即可看到透视表的结果如图 3-60 所示。

图 3-60　透视表（1）结果

操作提示

根据图 3-59 中的透视表结果，可对"所属区域""图书名称"与"书店名称"进行筛选。还可以对透视表结果进行排序，透视表本身就是一种分类汇总的综合结果显示，所以其功能相当强大。

（2）根据"FC 公司图书订单明细表"的数据，根据书店，统计各图书不同月份的销售额

此要求与（1）区别不大，只是将显示结果改成用"月"表示。

步骤❶　同（1）步骤 1。

步骤❷　同（1）步骤 2。

步骤❸　将"书店名称"拖放至【筛选器】中，"图书名称"拖放在【行】中，"日期"拖放在【列】中，"求和项：销售额小计"拖放在【值】中，即可看到当前生成的透视表的结果如图 3-61 所示。

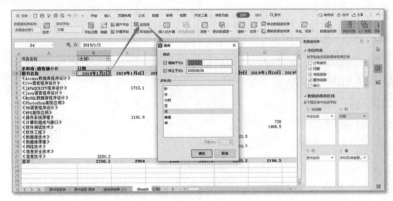

图 3-61　透视表（2）中间结果

步骤❹　将光标停到结果所在的任意一个日期单元格，再单击【组选择】，在打开的【组合】对话框中，在【步长 (B)】中选择"月"即可得到如图 3-62 所示的透视表结果。

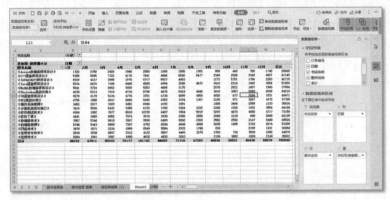

图 3-62　透视表（2）结果

此时，如果要查看"博士书店"1 月份的销售额，可以在【书店名称】旁的下拉列表中选择"博士书店"，在【日期】旁的下拉列表中选择"1 月"，再对"1 月"的数

据进行升序排列，即可看到如图 3-63 所示的透视表。从图 3-62 中可以看出，【筛选】与【排序】的痕迹。

图 3-63　【排序】与【筛选】后的透视表

（3）根据 "FC 公司图书订单明细表" 的数据，根据书店，统计各图书各地区在不同季度的销量平均值；制作出数据透视图；并利用切片器查看透视表与透视图中 "博士书店" "东区" "第一季度" 各图书的平均销量

根据要求，进行如下操作：

- 将 "平均值项：销量（本）" 放在【值】区域。
- 日期显示结果改成 "季度"。
- 制作数据透视图。
- 增加切片器。

步骤❶　同（1）步骤 1。

步骤❷　同（1）步骤 2。

步骤❸　将 "书店名称" 拖放至【筛选器】中，"图书名称" 与 "所属区域" 拖放在【行】中，"日期" 拖放在【列】中，"销量（本）" 拖放在【值】中，并单击 "销量（本）"，选择【值字段设置】，在【值字段设置汇总方式】中选择【平均值】，再将各列数据保留一位小数。

步骤❹　将光标停到结果所在的任意一个日期单元格，单击【组选择】，在打开的【组合】对话框中，在【步长 (B)】中选择 "季度" 即可得到如图 3-64 所示的透视表。此时，还可以单击每个季度前的 "-" 号，就可以将季度下面的月份折叠起来（另外，如果此时将【季度】与【日期】的位置更换，结果又会是怎么样的呢？）。

图 3-64　透视表（3）结果

步骤❺　将光标停在透视表结果中，单击【分析】|【数据透视图】，即可看到如图 3-65 所示建立的数据透视图。

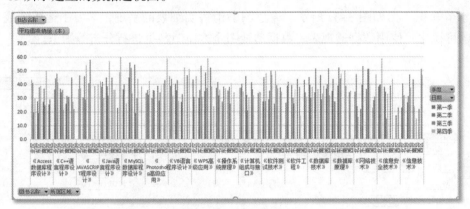

图 3-65　数据透视图

步骤❻　从图 3-65 的数据透视图得知，数据太多，数据透视图反而不清晰，此时单击【分析】|【切片器】，勾选"书店名称""所属区域"与"日期"，就生成了三个【切片器】，在【切片器】中分别选取"博士书店""东区""第一季度"，即可看到利用【切片器】进行的筛选结果。再对数据透视图进行美化，得出如图 3-66 所示的综合效果图。

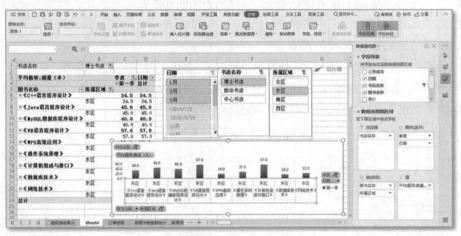

图 3-66　综合效果图

操作提示

在"数据透视表"中可以采用【筛选】实现【切片器】的效果。不但使用【切片器】进行筛选操作更快，而且在"数据透视图"中也可以进行筛选，且筛选结果也会反映到"数据透视表"与"切片器"中。所以，在"数据透视表""数据透视图"与"切片器"中均可以实现筛选与排序，且三者能产生联动效应。

课堂随笔

四 思维导图

本节知识结构如图 3-67 所示。通过图书销售明细表的呈现，学习了运用图表实现数据的可视化，使用数据透视表、数据透视图全方位对数据进行分析等知识。

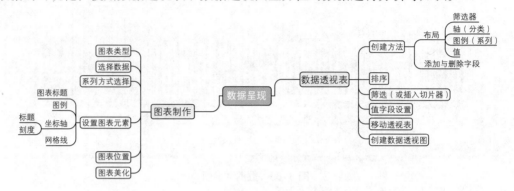

图 3-67 数据呈现思维导图

五 课堂练习

1. 针对给定的数据源"图表制作 .et"，完成如下操作：

对于"月访问量"工作表中的数据，选择合适的图表去呈现，并进行图表美化操作。

2. 对"互联网"工作表中的数据，制作出如图 3-68 所示的图表。

3. 针对给定的数据源"透视表 .et"，完成如下操作：

1）针对"考勤表"中的数据，快速统计出学生在 3 月份的迟到次数。

2）针对"彩电销售情况统计表"中的数据，根据品牌，统计出不同经销商不同型号彩电的平均销售量，并利用康佳彩电的数据制作数据透视图。

图 3-68 图表样图

第四章
WPS 演示文稿

　　演示文稿制作是信息化办公的重要组成部分，借助演示文稿制作工具可以快速制作出图文并茂、富有感染力的演示文稿。WPS 演示文稿是金山公司推出的一款国产办公软件中的一个组件，是一个高效、实用的演示文稿制作工具，它能快速实现演示文档的创建、编辑等功能。本章将以两个任务引导大家完成 WPS 演示文稿的学习，掌握学习与办公过程中与演示文稿相关的各项基础操作。

第一节　使用模板制作演示文稿

一　任务描述

使用 WPS 模板制作"三月学雷锋主题班会"演示文稿。

1　任务要求

根据素材文件"三月学雷锋主题班会提纲 .docx"中的内容制作一份主题班会演示文稿，效果如图 4-1 所示，具体要求如下：

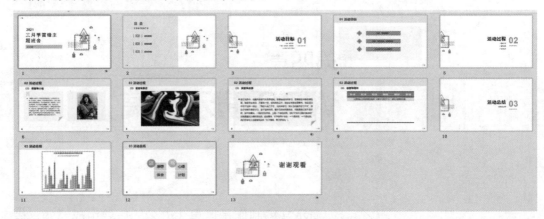

图 4-1　主题班会演示文稿呈现效果

1）演示文稿共 13 张幻灯片。其中，封面、封底各 1 张，目录页 1 张，引导页 3 张，正文页 7 张。

2）设置幻灯片中字体、段落和对象格式风格一致，颜色协调。

3）表现形式丰富多样。

4）具有良好的交互功能。

5）方便演讲者演讲表达。

6）能够在不同的环境下顺利播放。

2　任务分析

1）使用大纲视图或者思维导图工具提炼文案纲要。

2）使用"设计"菜单根据文案大纲搭建框架。

3）插入并编辑图形、表格、图表等对象美化幻灯片。

4）插入和处理音频和视频。

5）设置超链接增加演示文稿的交互。

6）使用适当的幻灯片切换和动画效果丰富演示文稿。

7）熟悉演示文稿放映操作。

8）使用演示文稿的打包功能。

二　预备知识

在项目实施之前，先熟悉 WPS 演示文稿的工作界面和视图模式，便于更好地完成项目的实施。

1　WPS 演示文稿工作界面

WPS 演示窗口主要由选项卡、幻灯片 / 大纲窗格、幻灯片编辑区、备注窗格等部分组成，如图 4-2 所示。

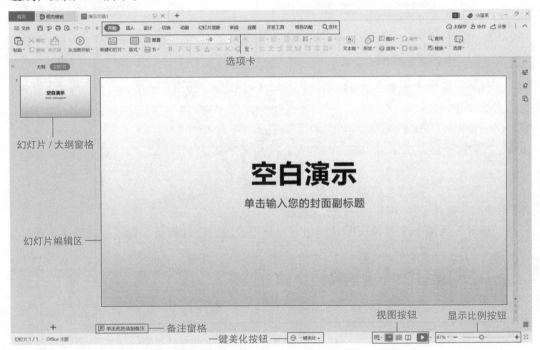

图 4-2 WPS 演示窗口

（1）文档标签栏

文档标签栏位于 WPS 演示窗口的左上方，显示当前所有打开的文件名，最右端有控制窗口最小化、最大化（还原）和关闭应用程序的三个小图标。

（2）"文件"菜单

"文件"菜单中包括新建、打开、保存、另存为、输出为 PDF、输出为图片、文件打包、打印、分享文档、文档加密、备份与恢复、帮助、选项、退出等多个命令。

（3）选项卡和功能区

WPS演示文稿功能区包含了对方案或对象进行处理的多个选项卡，每个选项卡中又包含了多个功能组，每个功能组中包含多个命令按钮，界面更直观，操作更简单，如图4-3所示。

图 4-3 选项卡及功能区

（4）"开始"选项卡

"开始"选项卡中主要包含的功能组有：剪贴板、幻灯片、字体、段落、绘图、编辑，如图4-4所示。

图 4-4 "开始"选项卡

（5）"插入"选项卡

"插入"选项卡主要包含的功能组有：表格、图像、插图、链接、文本、符号、媒体，如图4-5所示。

图 4-5 "插入"选项卡

（6）"设计"选项卡

"设计"选项卡主要包含的功能组有：页面设置、设计模板、背景，如图4-6所示。

图 4-6 "设计"选项卡

（7）"动画"选项卡

"动画"选项卡主要包含的功能组有：预览、动画、切换，如图4-7所示。

图 4-7 "动画"选项卡

（8）"幻灯片放映"选项卡

"幻灯片放映"选项卡主要包含的功能组有：开始放映幻灯片、设置，如图4-8所示。

图 4-8 "幻灯片放映"选项卡

（9）"审阅"选项卡

"审阅"选项卡主要包含的功能组有：校对、标记、中文繁简转换，如图 4-9 所示。

图 4-9 "审阅"选项卡

（10）"视图"选项卡

"视图"选项卡主要包含的功能组有：演示文稿视图、母版视图、显示、显示比例、窗口、宏，如图 4-10 所示。

图 4-10 "视图"选项卡

（11）"开发工具"选项卡

"开发工具"选项卡主要包含的功能组有：宏、加载项、控件，如图 4-11 所示。

图 4-11 "开发工具"选项卡

（12）"特色功能"选项卡

"特色功能"选项卡主要包含的功能组有：输出转换、文档助手、安全备份、分享协作资源中心，如图 4-12 所示。

图 4-12 "特色功能"选项卡

2　WPS 演示文稿视图模式

WPS 演示文稿为用户提供了普通、幻灯片浏览、备注页、阅读视图和幻灯片母版视图等多种视图，每种视图都有特定的工作区、工具栏、相关的按钮及其他工具。不同的视图应用场合不同，但在每一种视图下对演示文稿的任何改动都会对编辑文稿生效，并且所有改动都会反映到其他视图中，如图 4-13 所示。

课堂随笔

图 4-13　幻灯片视图模式

（1）视图切换

方法 ❶　单击"视图"选项卡，在功能组中单击所需视图按钮。

方法 ❷　通过下方状态栏右侧的视图按钮区域进行切换。该区域提供了普通视图、幻灯片浏览视图、阅读视图和幻灯片放映视图的快捷切换按钮，如图 4-14 所示。

图 4-14　幻灯片视图模式切换

方法 ❸　按 <F5> 键可进入幻灯片放映视图。

（2）普通视图

普通视图即演示文稿的默认视图，该视图有四个工作区域：幻灯片导航区（包括幻灯片选项卡、大纲选项卡）、幻灯片编辑区、幻灯片任务窗格和备注窗格。

（3）幻灯片浏览视图

幻灯片浏览视图是缩略图形式的幻灯片视图，在幻灯片浏览视图中可以对幻灯片进行复制、剪切、粘贴、移动、新建、删除、幻灯片设计、背景、动画方案、切换、隐藏、转为 WPS 文档等操作。

（4）幻灯片母版视图

幻灯片母版是存储、修改、设计模板的视图模式，模板信息包括字体、字号、字的颜色、占位符大小、位置及层次关系、背景设计和配色方案等。

在幻灯片母版视图中可以进行复制、剪切、粘贴、选择性粘贴、母版新建、母版删除、母版保护、重命名等操作，可以进行幻灯片设计，可以设计母版版式、背景等，大部分操作和普通视图的操作相同，如图 4-15 所示。

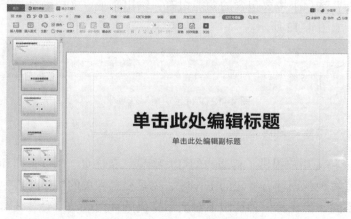

图 4-15　幻灯片母版视图

（5）幻灯片放映视图

幻灯片放映视图是幻灯片放映状态显示出来的视图，显示幻灯片演示文稿的最终播放效果，也就是观众会看到的播放效果。如不满意或者想退出放映，可以单击右键选择"结束放映"，也可以按键盘上的 <Esc> 键退出。

在幻灯片放映视图中可以进行上一页、下一页、第一页、最后一页的跳转操作，也可以进行定位相关操作、使用放大镜、观看备注内容、设置屏幕相关操作、设置指针相关操作、打开幻灯片放映帮助以及结束放映操作，但是不能对幻灯片的内容进行编辑。

（6）备注母版视图

在做演示文稿时，一般会把需要展示给观众的内容做在幻灯片里，不需要展示的内容写在备注里。如果需要把备注打印出来，可以使用备注母版功能快速设置备注。可以在备注母版中设置备注页的方向、幻灯片大小、字体、颜色、效果等，还可以设置是否显示页眉、日期、幻灯片图像、正文、页脚、页码等元素，单击【关闭】按钮退出备注母版视图，如图 4-16 所示。

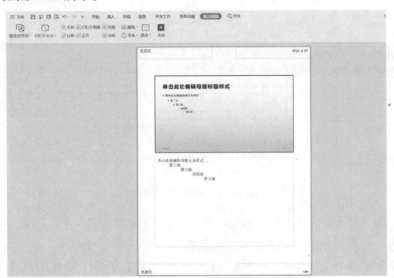

图 4-16　备注母版视图

三　【任务实施】

1 框架搭建

幻灯片框架搭建

步骤 ❶　使用思维导图做出文案框架，如图 4-17 所示。
步骤 ❷　确定演示文稿的基本框架，如图 4-18 所示。
步骤 ❸　新建和保存演示文稿。
新建"三月学雷锋主题班会"命名的文件夹，在目录下右击鼠标右键，从快捷菜单中选择新建演示文档，保存为"三月学雷锋主题班会 .pptx"。

课堂随笔

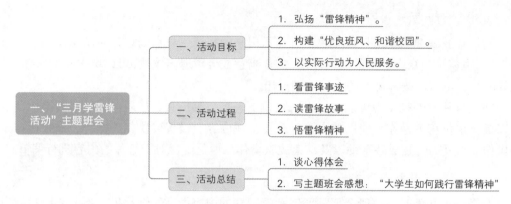

图 4-17 文案框架

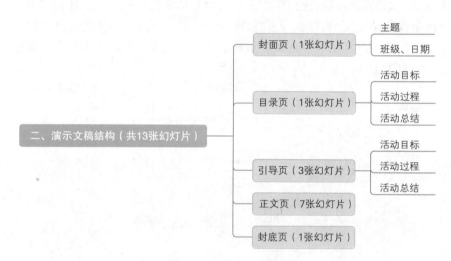

图 4-18 演示文稿结构

双击打开"三月学雷锋主题班会 .pptx"文档，单击添加第一张幻灯片。

步骤 4 使用新建主题页搭建演示文稿框架。

在幻灯片窗格中选中第一张幻灯片，单击幻灯片右下角【新建幻灯片】橙色工具按钮，在右边出现的窗口中选择【封面页】，在【风格特征】中选择【简约】，选择本案例模板，单击【立即下载】，如图 4-19 所示。

图 4-19 使用模板（一）

在新建的幻灯片中依次单击【新建幻灯片】-【新建】-【配套模板】新建 13 张幻灯片，如图 4-20 所示。

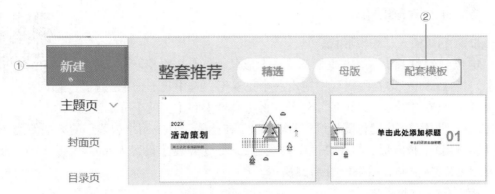

图 4-20　使用模板（二）

生成 13 张幻灯片如图 4-21 所示。

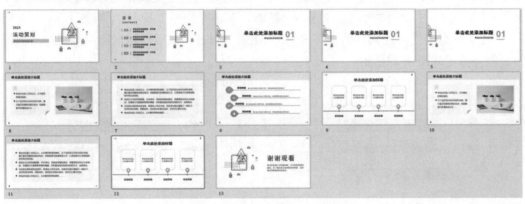

图 4-21　演示文稿结构（一）

步骤❺　将文案框架内容对应输入幻灯片中，调整幻灯片顺序。

从素材"三月学雷锋文案框架"文档中将文案框架内容输入或者复制到对应幻灯片中，在幻灯片浏览窗格使用鼠标左键拖动幻灯片调整位置，如图 4-22 所示。

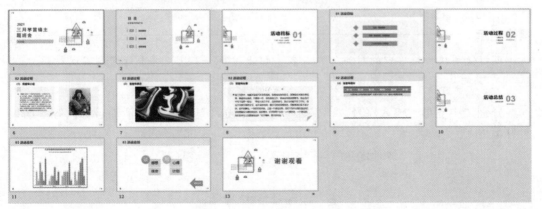

图 4-22　演示文稿结构（二）

2 插入与编辑形状

步骤❶ 插入、编辑形状。

定位到幻灯片4,单击【插入】-【形状】-【基本形状】-【菱形】,按住<Shift>键在编辑区中拖出一个正菱形,选中菱形,单击【绘图工具】-【轮廓】-【无线条颜色】,将【高度】和【宽度】分别设置为2.5cm,使用<Ctrl>键将菱形进行3次复制。在绘图工具中用绘制菱形的方法使用矩形工具绘制出1个长方形,将【高度】设置为2cm,【宽度】设置为8cm,使用<Ctrl>键将长方形进行3次复制,结果如图4-23所示。

插入和编辑对象一

步骤❷ 对齐形状。

使用鼠标将形状拖放到编辑区中间位置初步进行对齐,框选第一排的菱形和矩形,单击【绘图工具】-【对齐】-【垂直居中】;框选最后一排菱形和矩形,单击【绘图工具】-【对齐】-【垂直居中】。框选3个菱形,单击【绘图工具】-【对齐】-【水平居中】-【纵向分布】。用同样的操作完成3个矩形的对齐。最后使用鼠标调整菱形与矩形的距离。结果如图4-24所示。

图4-23 插入形状

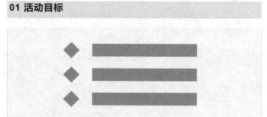

图4-24 对齐形状

小试身手

使用【椭圆】工具,插入并编辑圆形的目录,并进行对齐操作。

操作提示

可以使用快捷菜单中的对齐工具或者【智能对齐】工具,再进行微调实现对齐。

分别选中菱形,输入序号"1""2""3",选中矩形,输入活动目标内容。结果如图4-25所示。

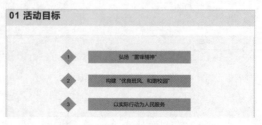

图4-25 在形状中输入文字

插入和编辑
对象二

3 输入和编辑文本和图片

步骤 ❶ 在文本框中输入并修改雷锋介绍文字。

将素材"雷锋生平介绍"文字内容复制、粘贴到文本框中，选中文字，在【文本工具】中设置文本字体为微软雅黑，字号为 12 磅，文字对齐方式设置为两端对齐。右击文本框，从快捷菜单【段落】中将文本间距设置为 1.5 倍行距。

步骤 ❷ 高亮突出文中关键词，形成对比。

选中"雷锋""为人民服务""雷锋精神"等关键词，进行加粗、设置红色操作。结果如图 4-26 所示。

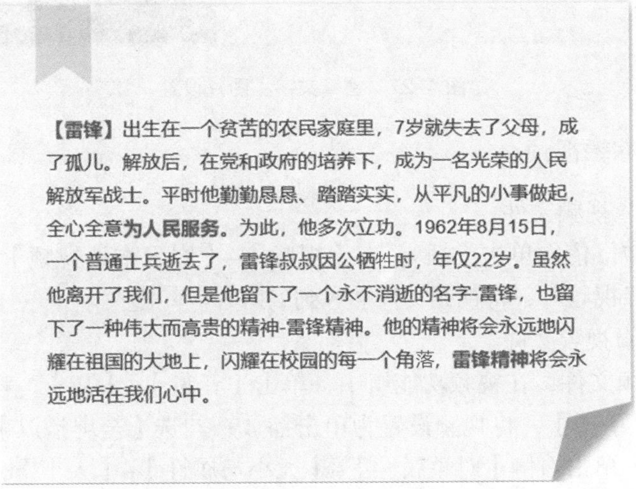

【雷锋】出生在一个贫苦的农民家庭里，7岁就失去了父母，成了孤儿。解放后，在党和政府的培养下，成为一名光荣的人民解放军战士。平时他勤勤恳恳、踏踏实实，从平凡的小事做起，全心全意为人民服务。为此，他多次立功。1962年8月15日，一个普通士兵逝去了，雷锋叔叔因公牺牲时，年仅22岁。虽然他离开了我们，但是他留下了一个永不消逝的名字-雷锋，也留下了一种伟大而高贵的精神-雷锋精神。他的精神将会永远地闪耀在祖国的大地上，闪耀在校园的每一个角落，雷锋精神将会永远地活在我们心中。

图 4-26 雷锋介绍文字输入与修改

操作提示 💡

可以通过选中文本框后，使用右侧快捷工具按钮中的【一键速排】快速设置内置的样式。

步骤 ❸ 修改文本框属性。

选中文本框，单击【绘图工具】-【轮廓】，【颜色】设置为"白色，背景1，深色25%"，【线型】设置为 0.25 磅，【虚线线型】设置为短画线。

步骤 ❹ 插入、调整雷锋图片。

依次单击【插入】-【图片】菜单，找到雷锋素材所在位置，选中图片，单击【打开】，将图片插入到幻灯片中。

按住 <Shift> 键拖动图片右上角按比例适当缩小图片，拖动图片到合适的位置。选中图片，单击【图片工具】-【裁剪】，光标定位到图片下边缘中间控制点位置，当光标变成"T"型后向上拖动光标到需要裁剪的位置，然后按 <Esc> 键或 <Enter> 键确定。双击图片，从右侧弹出的【对象属性】面板中选择【大小与属性】，将【高度】设置为

课堂随笔

11，宽度按照【锁定纵横比】默认设置，【水平位置】设置为 20.27cm，【垂直位置】设置为 4.42cm。结果如图 4-27 所示。

(1) 做雷锋介绍

图 4-27　雷锋文字、图片设置

4　插入与编辑视频

插入和编辑
对象三

步骤 ❶　插入视频文件。

定位幻灯片 7，依次单击【插入】-【视频】-【嵌入本地视频】，打开素材库"雷锋视频"，将视频文件插入到幻灯片。

步骤 ❷　编辑视频文件。

单击选中视频文件，在视频功能组中，单击【音量】-【高】，将音量调至最大；单击【开始】-【单击】，将视频设置为单击播放；勾选【全屏播放】复选框，将视频设置为全屏播放；单击右侧【对象属性】-【大小与属性】-【大小】，勾选【锁定纵横比】，将【高度】设置为 13cm，单击【位置】，将【水平位置】设置为 6.6cm，【垂直位置】设置为 4.3cm，如图 4-28 所示。

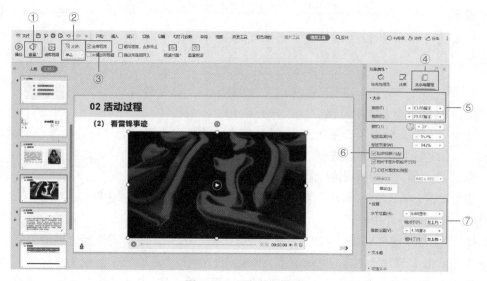

图 4-28　视频编辑界面

操作提示

如需要对视频内容进行编辑，可以选择【裁剪视频】工具进行视频裁剪，截取所需要的视频内容。

5 插入与编辑艺术字

步骤❶ 将"钉子精神"四个字设置为艺术字标题。

将文字素材"钉子精神"文本内容复制到幻灯片8，选中"钉子精神"文字内容，依次单击【插入】-【艺术字】-【预设样式】-【填充 - 钢蓝，着色5，轮廓 - 背景1，清晰阴影 - 着色5】。

步骤❷ 编辑艺术字。

选中"钉子精神"文字，单击【文本工具】-【字体】，设置为微软雅黑，单击【字号】，设置40磅；单击【加粗】、【文字阴影】按钮；单击【文本填充】，将文字设置为深红色；单击【文本效果】-【阴影】，设置为"外部向右偏移"，如图4-29所示。

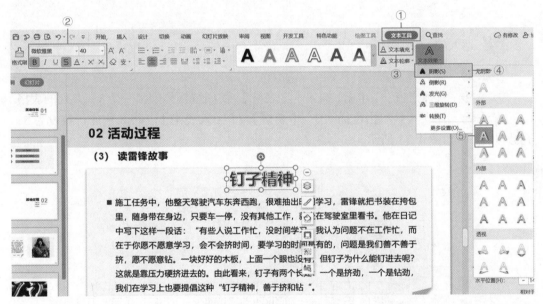

图4-29 设置艺术字界面

操作提示

将光标停留在【阴影】-【外部】某个按钮2秒，会在按钮一侧出现如"向右偏移"提示文字，此功能也适用于部分其他工具按钮。

6 插入与编辑音频

步骤❶ 插入音频文件。

在幻灯片8中，单击【插入】-【音频】-【嵌入音频】，从素材库中找到"朗诵背景音乐"，用鼠标拖拽到合适的位置。

步骤 ❷ 音频编辑。

选中音频文件，单击【音频工具】–【开始】–【单击】设置音乐单击开始播放，单击选中音频，单击【裁剪音频】，将开始时间设置为00.04.9，单击【确定】按钮，如图4–30所示。

图 4–30 音频工具设置

操作提示

如需要使用音频作为背景音乐，可以单击【设为背景音乐】，可以设置从当前幻灯片开始播放到后几张幻灯片。

7 插入与编辑表格

步骤 ❶ 插入表格。

方法 ❶ 鼠标拖拽法。单击【插入】–【表格】，使用鼠标拖拽出一个3行6列的表格。

方法 ❷ 输入法。单击【插入】–【表格】–【插入表格】，将表格的行数设为3，列数设为6，如图4–31所示。

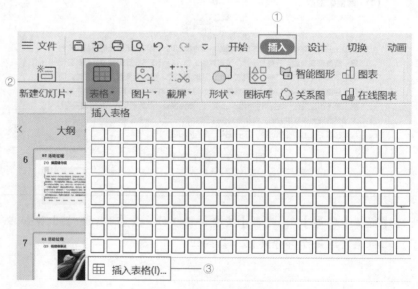

图 4–31 插入表格界面

步骤 ❷ 编辑表格。

插入符定位表格第一行，单击【表格工具】，将【高度】设置为2cm，宽度设置为

4.16cm；插入符选中第二行所有单元格，单击【合并单元格】，将第二行单元格进行合并；插入符定位第三行任意单元格，将【行高】设置为 8cm，如图 4-32 所示。

图 4-32　表格工具设置界面

选中表格，单击【表格样式】–【预设样式】，将表格样式设置为【中度样式 3– 强调 2】，选中第一行，单击【表格样式】–【填充】–【其他填充颜色】，在 RGB 颜色模式下，将红色设置为 0，绿色设置为 184，蓝色设置为 193，单击【确定】按钮。最后在表格中输入文字并调整好表格位置，如图 4-33 所示。

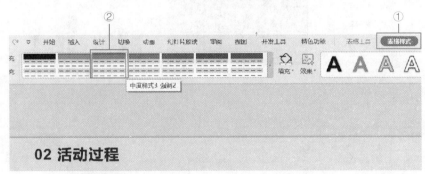

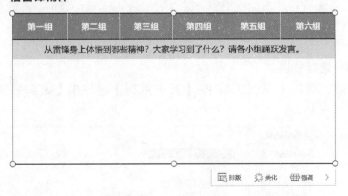

图 4-33　表格样式

8　插入与编辑图表

步骤 ❶　选择插入图标类型。

定位需要插入图表的幻灯片，单击【插入】–【图表】–【柱形图】–【簇状柱形图】–【插入】，插入簇状柱形图，如图 4-34 所示。

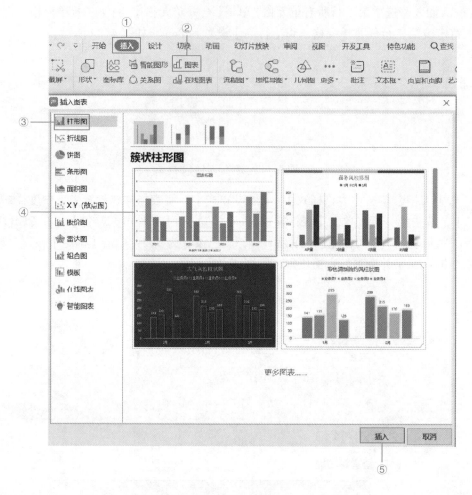

图 4-34 插入图表

步骤 ❷ 选择数据。

选中图表，单击【图表工具】-【选择数据】，弹出【编辑数据源】对话框，如图 4-35 所示。

图 4-35 "编辑数据源"对话框

选择素材库中的"三月学雷锋各组各周活动次数统计表",光标框选该统计表区域,生成簇状柱形图,如图 4-36 所示。

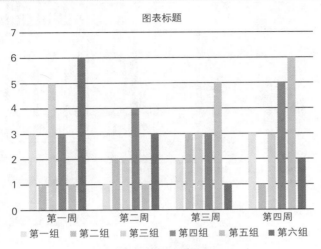

图 4-36 簇状柱形图

步骤 ❸ 设置图表属性。

单击图表标题,将图表标题改为"三月学雷锋各组各周活动次数统计表",在【开始】功能组将字号设置为 18 磅;选中图表,单击右边的【图表元素】工具按钮,勾选【数据标签】和【网格线】,如图 4-37 所示。

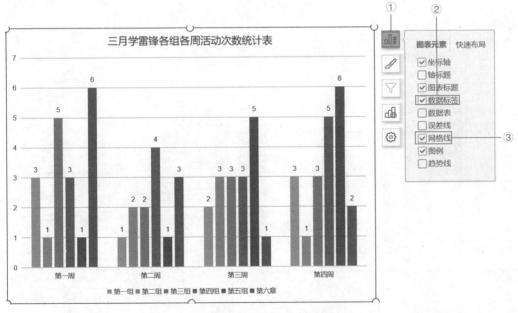

图 4-37 设置图表元素

选中图表,单击右边的【样式】工具按钮,将图表【样式】设置为如图 4-38 所示。

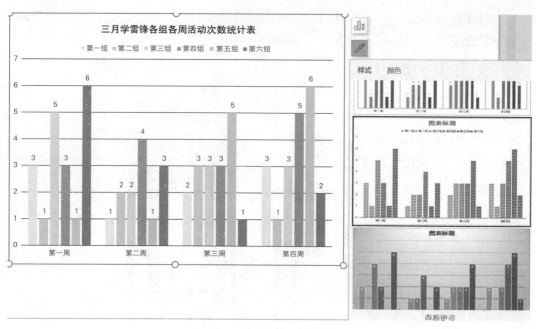

图 4-38 设置图表样式

选中图表，单击右边的【设置图表区域格式】工具按钮，编辑区右边出现【图表选项】面板，单击【线条】-【实线】，【颜色】设置为"浅蓝，着色 4"，【宽度】设置为"1磅"，【复合类型】设置为"双线"，如图 4-39 所示。

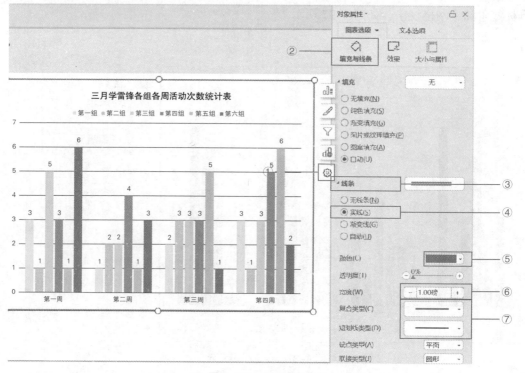

图 4-39 设置图表线条

生成图表效果如图 4-40 所示。

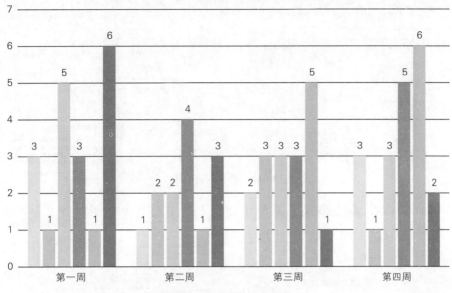

图 4-40 生成图表效果

操作提示

图表的操作通过【图表工具】以及图表右侧的快捷工具都能够实现。通过鼠标定位图表的局部来对应设置相关属性。

小试身手

根据素材库提供的"三月学雷锋各组各周活动次数统计表"数据，使用【图表】工具中的【簇状条形图】呈现数据。

9 插入与编辑智能图形

步骤 ❶ 插入智能图形。

定位幻灯片 12，单击【插入】-【智能图形】，打开【选择智能图形】面板。从【列表】中选择【堆叠列表】，如图 4-41 所示。

步骤 ❷ 编辑堆叠列表。

选中列表，按住 <Shift> 键拖动表的边角部分调整合适的大小，单击【设计】-【更改颜色】-【着色 2】，从【更改颜色】右侧预设的选项中也选择第 5 项；【高度】设置12cm，【宽度】设置为 15cm。

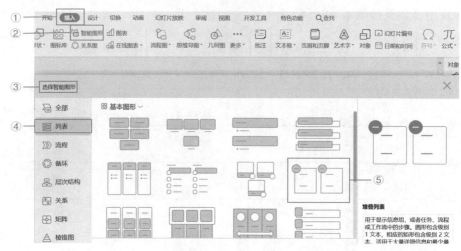

图 4-41 插入堆叠列表

输入文字内容，在【格式】菜单中使用【居中对齐】按钮对齐文字。效果如图 4-42 所示。

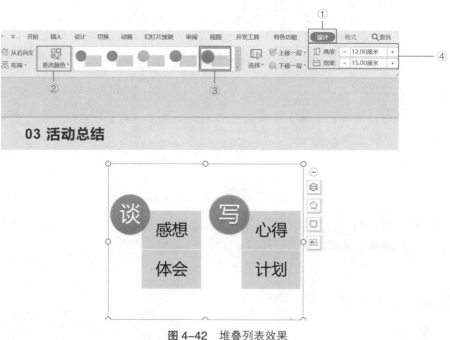

图 4-42 堆叠列表效果

10 动画设置

步骤❶ 设置进入动画。

定位幻灯片 13，选中"谢谢观看"文本框，单击【动画】功能组，单击【自定义动画】按钮，单击【添加效果】-【进入】-【擦除】，设置擦除效果。在右侧动画窗格中将【修改所选效果】设置为：【开始】为单击时，【方向】为自左侧，【速度】为快速。

动画设置

步骤 ❷ 设置强调动画。

再次选中"谢谢观看"文本框，在右侧动画窗格中单击【添加效果】–【强调】–【放大/缩小】，将【修改所选效果】设置为：【开始】为之后，【尺寸】为150%，【速度】为快速。

步骤 ❸ 设置路径动画。

再次选中"谢谢观看"文本框，在右侧动画窗格中单击【添加效果】–【绘制自定义路径】–【曲线】，使用鼠标单击拖动出 S 型动作路径。将【修改所选效果】设置为：【开始】为之后，【路径】为解除锁定，【速度】为快速，如图 4–43 所示。

步骤 ❹ 设置退出动画。

再次选中"谢谢观看"文本框，在右侧动画窗格中单击【添加效果】–【退出】–【擦除】，将【修改所选效果】设置为：【开始】为单击之后，【方向】为自右侧，【速度】为快速，如图 4–44 所示。

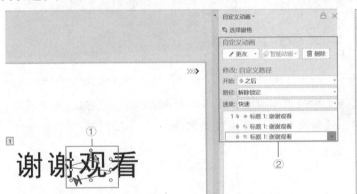

图 4–43 设置路径动画

图 4–44 对一个对象设置 4 项动画

操作提示

对一个对象添加多个动画要注意每次添加动画都要选中被添加动画的对象。案例中分别对"谢谢观看"文字依次添加了"进入""强调""路径"和"退出"动画，每添加一次动画需要选中这个对象一次。注意更改动画效果和添加动画的区别。

小试身手

插入正圆形状，分别添加【切入】–【透明】–【螺旋向右】–【切出】动画，动画顺序设置为进入页面自动播放动画至完成。

11 超链接和幻灯片切换

步骤 ❶ 设置超链接。

定位幻灯片 2，单击选定"活动目标"文字所在文本框，从快捷菜单中选择【超链接】，从弹出的插入超链接窗口中选择【本文档中的位置】，右边单击"3.活动目标"，

课堂随笔

单击【确定】。用同样的方法将"活动过程""活动总结"分别超链接到对应的幻灯片，如图 4-45 所示。

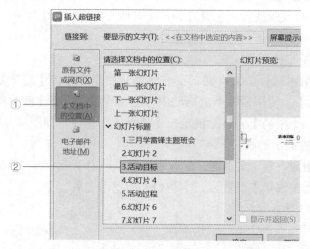

图 4-45 插入超链接

操作提示

在设置超链接过程中，选择文字设置超链接，文字会变色并且有下划线。为了美观，一般会选择文字所在的文本框，这样文字就不会出现变化。

步骤 ❷ 设置动作按钮。

定位"活动总结幻灯片"，切换到【插入】选项卡，单击【形状】，从【箭头汇总】工具组中选择【左箭头】，在编辑区使用鼠标拖出左箭头。选中左箭头，切换到【绘图工具】选项卡，将【高度】设置为3.5cm，【宽度】设置为4.5cm，形状轮廓设置为"中等效果 – 暗绿宝石，强调颜色2"，如图 4-46、图 4-47所示。

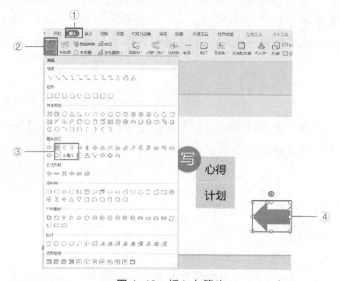

图 4-46 插入左箭头

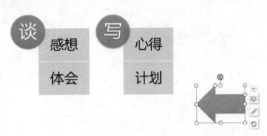

图 4-47　设左转左箭头属性

右击左箭头，从弹出的快捷菜单中选择【编辑文字 (X)】命令，输入"返回首页"文字。选中左箭头，切换到【开始】选项卡，将文字字体设置为微软雅黑，字号设置为 18 磅，如图 4-48 所示。

右击左箭头，从弹出的快捷菜单中选择【动作设置】命令，在弹出的动作设置面板中的【鼠标单击】选项卡中选择【超链接到 (H):】单选按钮，从下拉菜单中选择"第一张幻灯片"，单击【确定】按钮，如图 4-49 所示。

图 4-48　形状中编辑文字

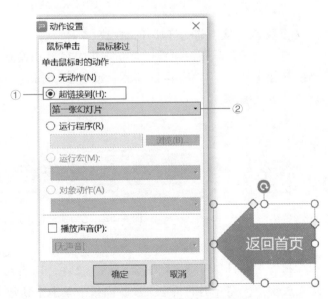

图 4-49　链接到第一张幻灯片动作设置

步骤 ❸　设置幻灯片切换方式。

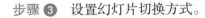

单击【切换】菜单，单击【淡出】效果，【效果选项】中单击【平滑】，再单击【应用到全部】，如图 4-50 所示。

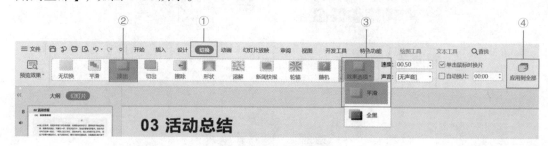

图 4-50 幻灯片切换

12 幻灯片放映

步骤 ❶ 从头开始放映幻灯片。

打开"三月学雷锋主题班会 .pptx"文件，切换到【幻灯片放映】选项卡，单击【从头开始】按钮，如图 4-51 所示；或者按 <F5> 键，可以从第一张幻灯片开始放映演示文稿。

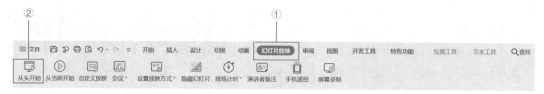

图 4-51 从头放映幻灯片

步骤 ❷ 从当前幻灯片开始放映。

打开"三月学雷锋主题班会 .pptx"文件，切换到【幻灯片放映】选项卡，单击【从当前开始】按钮，如图 4-52 所示；或者按 <Shift+F5> 组合键，可以从当前幻灯片开始放映演示文稿。

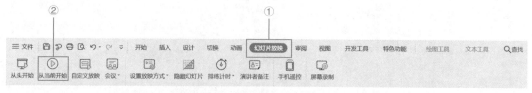

图 4-52 从当前幻灯片开始放映

步骤 ❸ 自定义放映。

打开"三月学雷锋主题班会 .pptx"文件，切换到【幻灯片放映】选项卡，单击【自定义放映】，在弹出的自定义放映面板中单击【新建】按钮，在弹出的定义自定义放映面板中选中需要放映的 PPT，单击【添加】按钮，将"3. 活动目标"和"4. 幻灯片 4"添加到在自定义放映中的幻灯片中，单击【确定】完成，如图 4-53 所示。

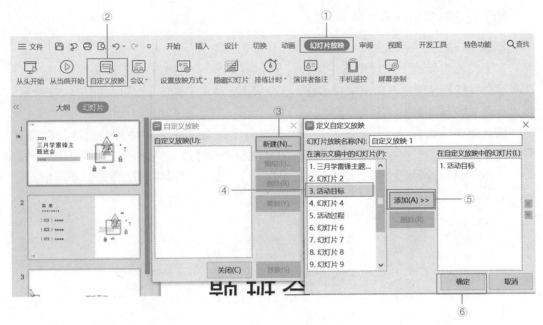

图 4-53　自定义放映

步骤 ❹　排练计时。

打开"三月学雷锋主题班会 .pptx"文件，切换到【幻灯片放映】选项卡，单击【排练计时】-【排练全部】，如图 4-54 所示；在出现的预演面板中根据当前幻灯片需要停留的时间依次单击【下一页】按钮完成整个幻灯片的排练，如图 4-55 所示；在最后一张幻灯片出现的界面单击【是】按钮，如图 4-56 所示；最后单击【从头开始】按钮浏览排练幻灯片。

图 4-54　排练全部幻灯片

图 4-55　依次确定幻灯片停留时间

图 4-56　保留幻灯片排练时间

13 打包和输出演示文稿

步骤 ❶ 打包演示文稿。

在【文件】界面中依次单击【文件打包】-【将演示文档打包成压缩文件】按钮，在演示文稿打包界面输入压缩文件名称，选择桌面，单击【确定】按钮，如图 4-57 所示。

步骤 ❷ 输出演示文稿。

依次单击【文件】-【另存为】按钮，打开【另存文件】对话框，选择保存位置后，在【文件名】文本框中输入文件名，在【文件类型】下拉列表中选择一种图片格式（如：png 可移植网络图片格式），单击【保存】按钮，也可以导出为其他不同格式，如图 4-58、图 4-59 所示。

图 4-57 打包演示文稿   图 4-58 保存演示文稿（一）

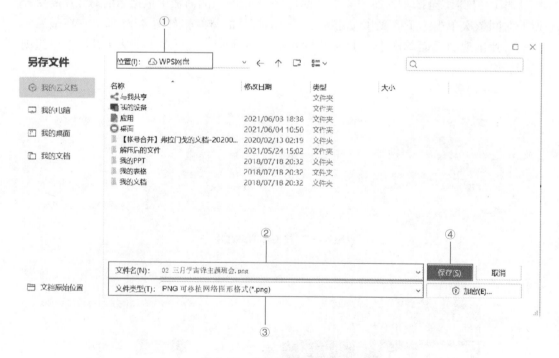

图 4-59 保存演示文稿（二）

四　思维导图

本节知识结构如图 4-60 所示。本节主要学习了如何利用 WPS 自带的模板制作主题课件。学习了形状、文本框、图片、艺术字、音频、视频、表格、图表、智能图形、动画、超链接、幻灯片切换方法及幻灯片打包输出等基本操作方法。制作思路上遵循先整体后局部，需要多进行练习才能掌握。

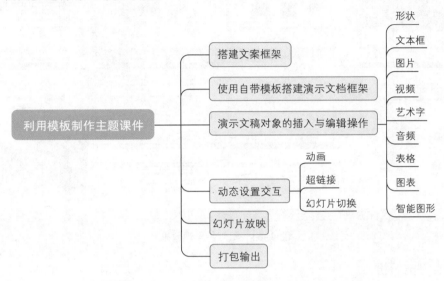

图 4-60　利用 WPS 模板制作演示文稿思维导图

五　课堂练习

根据实际需要制作一节主题班会的演示文稿，主题自定，要求：

1.模板选择应与班会主题契合。

2.演示文稿页数不少于 7 页，需有封面和封底页。

3.演示文稿中要合理运用所学知识插入和编辑各种对象，如：文字、图片、形状、视频等，为班会主题服务。

4.演示文稿应设置动画效果和幻灯片切换效果。

第二节　利用母版制作演示文稿

一　任务描述

使用幻灯片母版设计版式，并制作主题为"毕业答辩"的演示文稿。

1 任务要求

1）使用幻灯片母版设计、制作"封面页""目录页""引导页""正文页"和"封底页"版式。

2）运用设计的版式制作主题为"毕业答辩"的 12 张幻灯片，如图 4-61 所示。

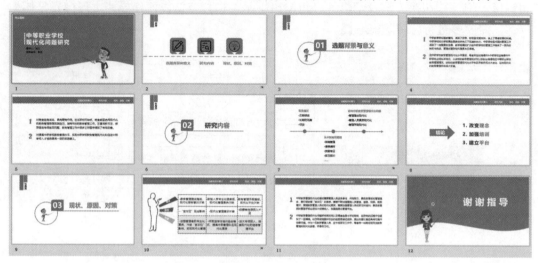

图 4-61　幻灯片呈现效果

2 任务分析

1）在幻灯片母版视图下利用文字、图片、形状等元素设计"封面页""目录页""引导页""正文页"和"封底页"版式。

2）理解母版视图与普通视图的区别。

3）相对于任务一，版式设计过程中对文字、图片、形状等对象的操作更细化，如形状的编辑顶点、合并形状、图片与形状结合等操作。

4）灵活设计"正文页"版式中的导航条。

5）掌握排版的基本原则和方法。

6）掌握线条、色块、图片在版式设计中的应用。

二　预备知识

1 进入和退出幻灯片母版视图

幻灯片母版可以方便统一幻灯片的页面元素，当需要在多张幻灯片中都出现相同的元素时，可以用母版来解决。

单击【视图】-【幻灯片母版】进入幻灯片母版视图，如图 4-62 所示。

在幻灯片母版视图下，单击【幻灯片母版】-【关闭】，退出幻灯片母版视图，如图 4-63 所示。

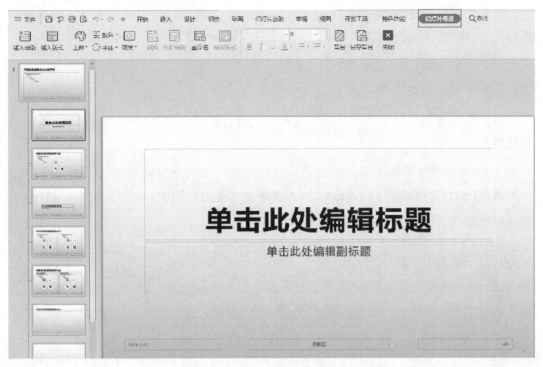

图 4-62　幻灯片母版视图

图 4-63　退出幻灯片母版

2 母版与版式的区别

如图 4-64 所示，第一个最大的幻灯片就是母版，修改这一页的样式后，下面的其余幻灯片也会同步修改。当需要添加统一 LOGO、水印、背景颜色的时候，在这里进行修改就能够轻松完成。

图 4-64　母版和版式

最大幻灯片下面的其余小幻灯片为相应的版式，比如系统自带标题版式、标题和内容版式、两栏内容版式等 11 种版式。在这里修改版式不会影响到母版和其他版式。

总的来说，母版作用所有版式，而版式只作用于当前修改的版式。

3　版式的基本操作

在幻灯片母版视图下，可以对母版和版式进行新建、复制、移动、删除、重命名等操作。

（1）新建母版或版式

单击【幻灯片模板】-【插入母版】/【插入版式】可以新建母版 / 版式，如图 4-65 所示。

图 4-65　插入母版 / 版式

（2）复制版式

右击待复制版式，选择快捷菜单【复制】，右击，选择快捷菜单【粘贴】复制版式，如图 4-66 所示。

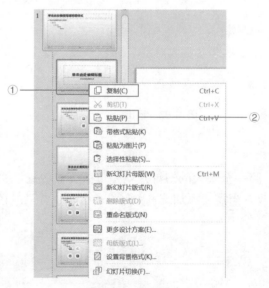

图 4-66　复制版式

（3）移动版式

单击拖动某版式到指定位置并松开实现移动版式。

（4）删除版式

右击需删除的版式，在快捷菜单中单击【删除版式】，如图 4-67 所示。需要注意的是，当前使用的版式不能被删除。

（5）重命名版式

右击版式，从快捷菜单中单击【重命名版式】，如图 4-68 所示。在弹出的对话框
中输入版式名称，单击【重命名】按钮。

图 4-67 删除版式　　　　　　　　　图 4-68 重命名版式

4 使用幻灯片母版的作用

使用幻灯片母版能够提高效率，节省时间和空间。对于需要多次出现在页面同一位
置的元素可以放在母版中，设置标题栏的文字占位符，后期写标题可以省去设置文字格
式的麻烦，对重复使用的版式设置切换效果后，选择该版式的页面就无需再设置切换效
果了。与此同时，同样的效果在使用母版制作的情况下，文档也会更小。

使用幻灯片母版能够避免干扰。对于单页中较为复杂的对象，如动画或视频，放在
母版中，可以避免后期制作 PPT 时，鼠标对该页面的干扰。

三　任务实施

1 制作封面、封底版式

步骤 ❶　进入幻灯片母版视图，选择某一版式，设计页面布局，确定色调。封面采
取上下型布局，根据"毕业答辩"主题，取蓝色为主、橙色为辅的颜色。删除系统默认版式。

步骤 ❷　插入与绘制图形。选择版式，将版式默认的元素删除。单击【插入】-【形
状】-【矩形】，在编辑区拖出一个矩形 1。颜色使用系统默认的蓝色，选择形状，单击
【绘图工具】，高度设置为 15cm，宽度与编辑界面同宽。

单击【绘图工具】-【轮廓】-【无线条颜色】，右击矩形 1，快捷菜单中选择【编
辑顶点】，光标定位到矩形下边缘左侧变成描点形态向下拖动鼠标新增描点，右侧下方

同样的方式增加描点。右击两个描点，将描点属性改为【平滑顶点】，拖动描点两侧的手柄编辑形状，如图4-69、图4-70所示。

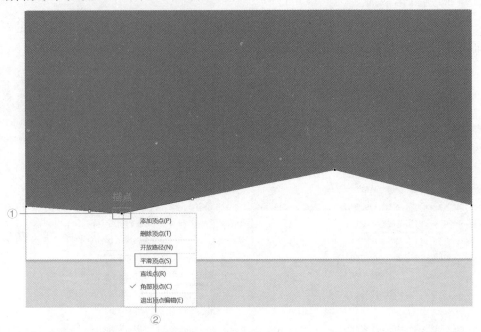

图4-69 描点操作

图4-70 调节后的曲线

步骤 ③ 插入素材库图片素材"人物1"，鼠标拖放图片到右下适当位置。封面效果图如图4-71所示。

步骤 ④ 复制封面版式，选中矩形1，单击【绘图工具】-【旋转】-【水平翻转】，将矩形水平翻转。将图片"人物1"替换成"人物2"，放在矩形左下角，如图4-72所示。

步骤 ⑤ 重命名版式。右击版式，从快捷菜单中选择【重命名版式】，分别将制作的版式重命名为"封面"和"封底"，如图4-73所示。

操作提示

使用现有素材设计制作左右型封面封底。

图 4-71 封面效果图

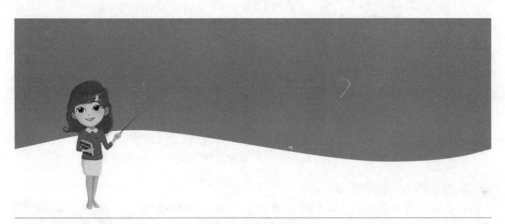

图 4-72 封底效果图

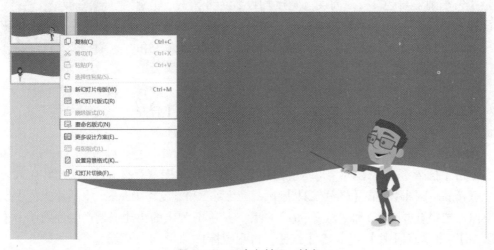

图 4-73 重命名封面、封底

② 制作目录页面版式

步骤❶ 制作目录。

插入矩形 2，颜色设置为"矢车菊蓝着色 1"，高度设置为 3.5cm，宽度设置为 1cm。选中矩形 2，在右侧【对象属性】界面【大小与属性】中设置【水平位置】为 2cm，【垂直位置】为 0cm。复制该矩形为矩形 3，颜色设置为橙色，高度设置为 2cm，宽度设置为 1cm，选中矩形，在右侧【对象属性】界面【大小与属性】中设置【水平位置】为 3.1cm，【垂直位置】为 0cm。在矩形 3 下方输入文字"目录"，框选"目录"文字与橙色矩形，在上方弹出的工具组中单击【水平居中】按钮，将文字与矩形进行组合，如图 4-74 所示。

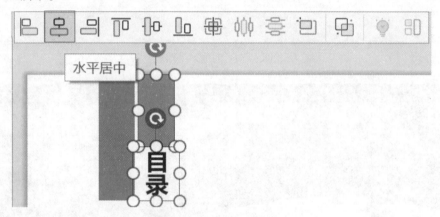

图 4-74　目录设计制作

步骤❷ 插入、编辑形状。

单击【插入】-【形状】-【圆角矩形】，在编辑区绘制圆角矩形 1，在【绘图工具】工具组中，将圆角矩形 1 颜色设置为"矢车菊蓝着色 1"，高度、宽度均设置为 4.5cm，轮廓设置为无。

图 4-75　圆角矩形与直角三角形相交

单击【插入】-【形状】-【直角三角形】绘制直角三角形 1，高度、宽度均设置为 1 厘米，颜色设置为橙色，轮廓设置无。将直角三角形 1 拖放到圆角矩形 1 下方位置与之相交，设置两对象为居中对齐。选中两个对象，单击【绘图工具】-【合并形状】-【剪除】，生成合并矩形 1，如图 4-75、图 4-76 所示。

步骤❸ 插入编辑图片。

单击【插入】-【图片】-【本地图片】，找到素材库"意义.png"图片并插入。选中"意义.png"图片，在【图片工具】中，设置高度和宽度均为 3cm，【图片颜色】设置为黑白，选择合并矩形 1 和"意义.png"图片，从上方弹出的快捷工具栏中分别单击【水平居中】-【垂直居中】-【组合】按钮，得到图标 1，如图 4-77 所示。

插入图片"内容.png"和"对策.png"，重复上述操作制作图标 2、3，调整位置，重命名版式为"目录页"。最后效果图如图 4-78 所示。

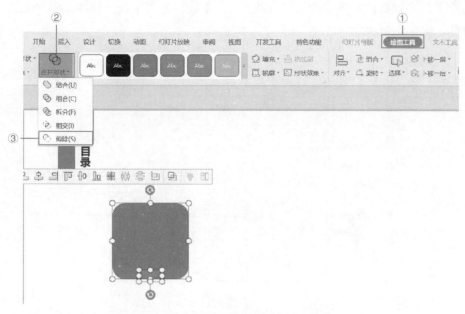

图 4-76　圆角矩形 1 与直角三角形 1 操作

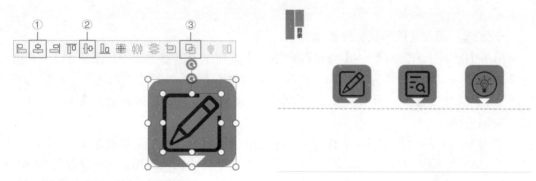

图 4-77　形状与图片操作

图 4-78　目录页效果图

3 制作引导页面版式

步骤 ❶　复制目录页左上角的目录文字和矩形组合，将文字"目录"改为"引导页"，调整蓝色矩形的长度与"引导页"文字底端系统辅助虚线对齐。如图 4-79 所示。

步骤 ❷　图片与形状操作。

单击【插入】-【形状】-【圆形】，按住 <Shift> 键在编辑区绘制正圆 1，在【绘图工具】中将高度和宽度均设置为 6.25cm，单击【轮廓】下拉按钮，选择"巧克力黄，着色 2"，【线性】设置为 3 磅。右击正圆 1，从弹出的快捷菜单中选择【设置对象格式】，在编辑区右边出现的界面中选择【形状选项】-【填充与线条】-【填充】-【图片或纹理填充】-【图片填充】-【选择图片】-【本

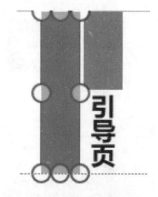

图 4-79　引导页左上角的形状
与文字组合

地图片】，找到素材库图片素材"人物1"，【放置方式】选择拉伸，图片便插入到形状内部，如图 4-80 所示。

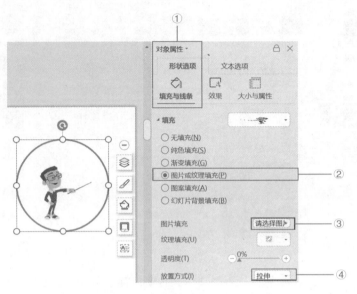

图 4-80 将图片插入到形状

步骤 ❸ 插入其他形状、线条与文字。

单击【插入】–【形状】–【对角圆角矩形】，在编辑区拖出对角圆角矩形 1，高度设置为 3.12cm，宽度设置为 3.43cm，右击对角圆角矩形 1，选择【编辑文字】，输入文字"01"。文字字体设置为微软雅黑，大小设置为 60 磅，用鼠标拖放至正圆 1 右上方，如图 4-81 所示。

单击【插入】–【形状】–【直线】，【轮廓】设置为"矢车菊蓝着色 1"，线条上方插入文本框，输入文字"选题背景与意义"，文字字体为微软雅黑，大小设置为 48 磅，将"背景""意义"选中设置为"巧克力黄，着色 2"，调整位置，将版式重命名为"引导页 1"，如图 4-82 所示。

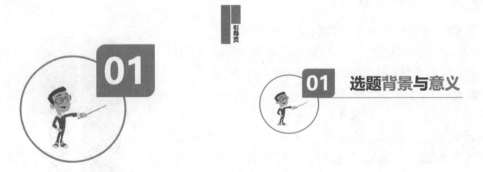

图 4-81 图片与形状位置　　　　　　　　　　　图 4-82 引导页效果

步骤 ❹ 制作引导页 2、3 版式。复制"引导页 1"版式 2 次，将文字"01"分别改为"02""03"，将文字"选题背景与意义"分别改为"研究内容""现状、原因、对策"，调整文字位置和颜色，分别重命名版式为"引导页 2""引导页 3"，如图 4-83 所示。

图 4-83　引导页版式

操作提示

　　线条的作用：合理使用线条能够起到区分信息、引导视觉、辅助说明、指引对齐、强调元素、修饰页面等作用。

　　色块的作用：合理使用色块能够起到分割版面、丰富页面、聚焦主体、增强层次等作用。

小试身手

　　使用形状、线条，设计制作引导页版式。

4　制作正文页面（导航条）版式

步骤 ❶　插入与编辑形状。

　　新建版式，在新建的版式中插入矩形 4，选中矩形 4，在【绘图工具】中将矩形 4 的高度设置为 1.5cm，宽度设置为与编辑界面同宽，【轮廓】设置为无线条颜色，【填充】设置为"矢车菊蓝着色 1"。复制矩形 4 为矩形 5，将矩形 5 的【填充】设置为"巧克力黄，着色 2"，右击矩形 5，在快捷菜单中选择【置于底层】，将矩形 4 和矩形 5 放置到界面编辑区顶端。复制矩形 5 为矩形 6，将矩形 6 的宽度设置为 5cm，并放在编辑界面右上方位置，如图 4-84 所示。

步骤 ❷　输入文案一级大纲内容。

　　插入文本框，输入文字"选题意义与背景""研究内容""现状、原因、对策"，【字体】设置为微软雅黑，【字号】设置为 16，选中文字，从上端工具按钮中单击【靠上对齐】、【纵向分布】按钮，移动文字到编辑界面右上位置，重命名版式为"正文页 1"，如图 4-85 所示。

步骤 ❸　编辑正文页 2、正文页 3 版式。

　　复制"正文页 1"版式 2 次，将版式名分别命名为"正文页 2""正文页 3"，将正文页 2 版式中的"选题背景和意义"下方的矩形移动到"研究内容"文字下方，将正文页 3 版式中的"选题背景和意义"下方的矩形移动到"现状、原因、对策"文字下方，如图 4-86 所示。

图 4-84　正文页面导航条编辑形状

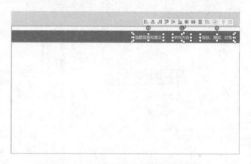

图 4-85　正文页面导航条编辑文字

图 4-86　正文页 1、2、3 版式效果

小试身手

制作素材库"正文导航条案例"图示导航。

5 应用版式

步骤 ❶　退出幻灯片母版视图。

在幻灯片编辑模式下应用幻灯片版式。单击【幻灯片母版】-【关闭】按钮，进入演示文稿编辑模式，如图 4-87 所示。

图 4-87　退出幻灯片母版

步骤 ❷　应用幻灯片版式。

新建幻灯片 12 页，右击编辑区，从快捷菜单中选择【幻灯片版式】，分别应用"封面""目录页""引导页""正文页""封底"版式，如图 4-88、图 4-89、图 4-90 所示。

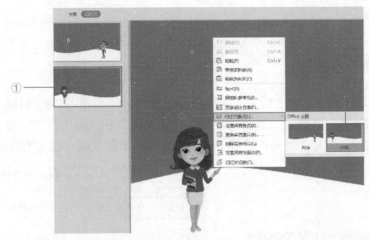

图 4-88　应用版式

图 4-89　封面、封底效果

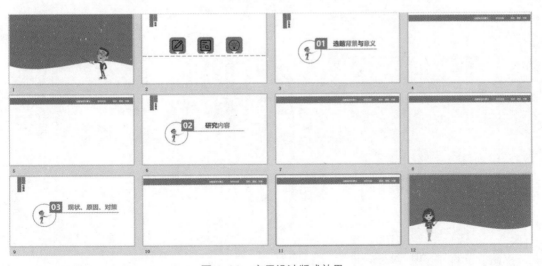

图 4-90　应用设计版式效果

6 编辑文案内容和保存输出

根据文案内容，按照本章第一节的操作步骤，插入和编辑文案内容并保存输出文档，

课堂随笔

最终效果如图 4-61 所示。

四 思维导图

本节知识结构如图 4-91 所示。本任务介绍了如何使用利用 WPS 幻灯片母版视图设计、制作"封面页""目录页""引导页""正文页"和"封底页"版式，并运用设计的版式制作主题幻灯片。过程中讲解了各版式设计的步骤、版式的应用等内容。

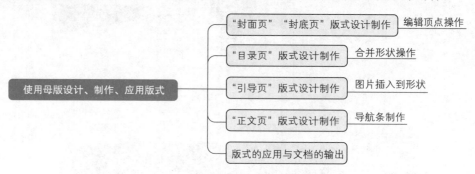

图 4-91　利用母版制作演示文稿思维导图

五 课堂练习

结合所学专业自选主题，运用母版设计制作一个演示文稿，页数不少于 8 页。

主题选择如：师范类专业学生可以制作一节课的"片段教学"课件，旅游专业学生可以制作一段导游讲解，其他专业学生也可制作主题演讲 PPT、产品功能展示 PPT 等。

第五章

互联网与信息检索

第一节 互联网的基础知识

一 互联网的基本概念

1 网络漫游

使用浏览器在因特网上浏览信息是网络用户最经常的应用操作之一，用户可以在信息的海洋中冲浪，获取各种需要的信息。在开始上网之前，先了解几个与浏览相关的概念。

互联网与
电子邮件

（1）万维网

1989 年 3 月 12 日，欧洲粒子物理研究所的计算机科学家蒂姆·伯纳斯·李提出了一个构想：创建一个以超文本系统为基础的项目，其目的是为分散在世界各地的物理学家提供服务，彼此交流想法、工作进度等有关信息。这个构想最终成了 WWW（World Wide Web）万维网的基础，彻底改变了人类社会的沟通交流方式。

万维网（亦作"Web""www""W3"），是一个由许多互相链接的超文本组成的系统。

万维网的核心部分是由三个标准构成的。

● 超文本标记语言（HTML），它用于定义超文本文档的结构和格式。

● 超文本传输协议（HTTP），它负责规定客户端和服务器之间交流规则。

● 统一资源标识符（URL），它用于标识网页位置，是用户访问网页时输入的网络地址。

URL 的格式：协议 ://IP 地址或域名 / 路径 / 文件名，其中，

● 协议：服务方式或获取数据的方法，常见的有 HTTP，FTP 等。

● ://：分隔符，用于分隔协议与 IP 地址或域名。

● IP 地址：即 Internet 网络上计算机的一个编号，相当于网络计算机的身份证号码，采用数字化形式来对计算机网络中的主机进行网络标识。

● 域名：是由一串用点（.）分隔的名字组成的 Internet 网络上某一台计算机或计算机组的名称，用字符化形式来对计算机网络中的主机进行网络标识；原则上与 IP 地址一一对应，不过 IP 地址可以对应多个域名，即允许多个域名解析到同一个 IP 地址，相当于在一台服务器上部署了多个网站。

● 路径 / 文件名：用路径的形式表示网页在主机中的具体位置。

URL 举例：

http://www.cnipr.com/xy/ipshkt/2020/202012/t20201202_241042.html

其中 http 是使用的协议，www.cnipr.com 是计算机网络域名，xy/ipshkt/2020/202012 是要访问文件的路径，t20201202_241042.html 是要访问的文件名。

万维网用 HTML 编写网页，通过超文本传输协议（HTTP）传送给用户，用户使用浏览器键入 URL，或者通过超链接实现网页的访问。

（2）首页

在 HTTP 下支持运行一个网站的第一个 Web 页称为首页或主页。网站首页是一个网站的入口网页，类似目录性质并引导互联网用户浏览网站其他部分内容的页面。

（3）浏览网页

浏览万维网必须使用浏览器。目前常见的浏览器有 IE 浏览器、360 浏览器、极速浏览器、谷歌浏览器等。

任何一款浏览器的窗口都与普通窗口一样。其打开与关闭窗口的操作与普通窗口一致，这里以图 5-1 所示的极速浏览器打开浏览器主页"百度"为例，查看其具体应用。

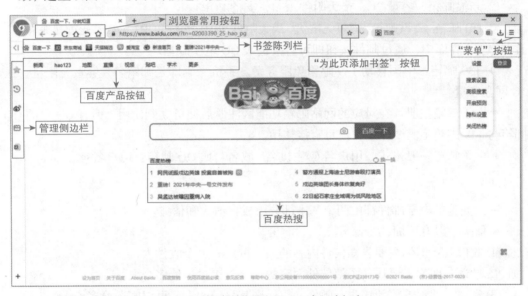

图 5-1　极速浏览器主页"百度"访问窗口

极速浏览器界面简洁，主要包括以下内容。

- 浏览器的一些常用按钮，如【后退】、【前进】、【重新加载】、【主页】、【恢复】、【标签】（相当于有些浏览器中的收藏夹）。
- 地址栏：用于输入网页的 URL（可以是完整的英文 URL，也可以是某些知名网站的中文名称），即访问地址。
- 菜单：用三根横线标识，可在菜单中进行浏览器的相关设置。
- 书签陈列栏：显示已收藏的书签，便于快速打开对应网页。
- 管理侧边栏：其中包括了已收藏的【书签】、【历史记录】、【新浪微博】、【标签列表】、【PDF 功能】，前四项单击进去便知其义，最值得推荐的就是它的【PDF 功能】，可以直接将 PDF 文档拖至此查阅，还可轻松实现 PDF 与 Word 文档的转

课堂随笔

换与转换后 Word 文档的下载。

2 收发邮件

（1）电子邮件

电子邮件相比普通邮件最大的特点是：人们不受时空限制进行邮件的收发操作，而且传送速度超快，一般几秒内就能完成，大大提高了工作效率，实现了办公自动化，且一般的电子邮件免费。

（2）电子邮箱

● 主流邮箱。发送邮件双方必须有电子邮箱，目前国内个人用户常见的主流邮箱有以下几个。

① 163 邮箱：中文邮箱第一品牌的网易免费邮箱，3G 空间，支持超大 20M 附件，280M 网盘，能精准过滤超过 98% 的垃圾邮件。

② 新浪邮箱：容量 2G，最大附件 15M，支持 POP3。

③ QQ 邮箱：腾讯邮箱，容量无限大，最大附件 50M，支持 POP3，QQ 号码即是邮箱名，且在 QQ 主界面中，通过邮件按钮即可直接进入 QQ 电子邮箱。

④ 139 邮箱：中国移动 139 邮箱免服务费。手机号码即是邮箱名，容量无限量，送 1G 网盘容量。

● 电子邮箱注册。在对应的网站邮箱功能区注册后便可立刻使用，但有 QQ 号的 QQ 邮箱与 139 邮箱不需要注册，便可直接使用。

● 电子邮箱一般格式。用户名 @ 主机名 . 域名。如 QQ 邮箱：用户名 @qq.com。

（3）邮件构成

一封完整的电子邮件都由两个基本部分组成：信头和信体。

● 信头一般有下面几个部分。

① 收信人：即你需要告知信件内容的人，可以有多个收件人；

② 抄送：即你需要让其了解信件内容的人，可以抄送给多个人；

③ 密送：即你希望他接收到邮件又想保密其身份的人，可以密送给多个人；

多个收件人之间都是用";"分隔其电子邮件地址；

④ 主题：是概括地描述该邮件内容，可以是一个词，也可以是一句话，由发信人自拟。

● 信体：信体是信件内容，有时信体还可以包含附件。附件是含在一封信件里的一个或多个计算机文件，附件可以从信件上分离出来，成为独立的计算机文件。

（4）书写、发送与接收邮件

在一般的电子邮箱服务平台界面上，都很清晰地标识出【写信】、【发送】与【接收】邮件按钮，在其界面都能很好地完成邮件的各种操作。这里将以 QQ 邮箱为例，其操作界面无需介绍，一目了然，如图 5-2 所示。

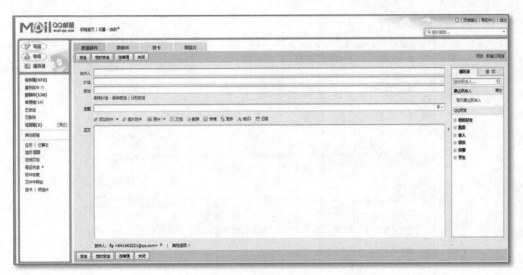

图 5-2　QQ 邮箱操作界面

二　互联网的应用

　　张同学浏览中国知识产权网（网址：http://www.cnipr.com/），在"IP 生活小百科"中看到一篇关于新能源汽车的报道："专"注飞驰的新能源汽车。他想将该报道的文本以"新能源汽车 .txt"文本文件的格式保存下来，将网页中的汽车图片以"新能源汽车 .jpg"的格式保存下来后，再将这两个文件以附件的形式发送给向同学、张同学，抄送给欧阳同学，密送给唐同学，主题是"新能源汽车"，信件内容："各位同学：你们好！我查找到关于【新能源汽车】方面的报道，请查收！"，并让向同学下载附件，上传到班集 QQ 群。

　　说明：本题解答分两步进行：先浏览网页（这里将使用极速浏览器访问网页），保存网页相关内容，再使用 QQ 邮箱分发邮件。

1　浏览网页

　　1）进入网页网址：中国知识产权网（网址：http://www.cnipr.com/）。

　　步骤❶　如果桌面上有极速浏览器的快捷方式，双击即可打开如图 5-3 所示的主页为【百度】的极速浏览器页面。

　　步骤❷　进入中国知识产权网的方法有两种：

　　方法❶　在【百度】搜索框中输入"中国知识产权网"，单击【百度一下】，即可看到如图 5-4 所示的网页，再单击相应网页链接，即可迅速进入【中国知识产权网】。

　　方法❷　在浏览器的地址栏中输入 cnipr，然后按 <Ctrl+Enter> 组合键，系统会自动加上"www."与".com"，从而顺利进入如图 5-5 所示的【中国知识产权网】。

　　2）在"IP 生活小百科"栏目中，浏览【"专"注飞驰的新能源汽车】网页内容，并将其保存为文本文件"新能源汽车 .txt"。

课堂随笔

图 5-3　极速浏览器

图 5-4　"中国知识产权网"搜索页面

图 5-5　中国知识产权网

步骤❶　在【中国知识产权网】的导航栏单击【学院】中的【IP生活小百科】，将滚动条下滑，即可进入如图 5-6 所示的【"专"注飞驰的新能源汽车】链接页面，将光标移至其上，光标呈手形时，单击，即可进入如图 5-7 所示的【"专"注飞驰的新能源汽车】页面。

图 5-6　【"专"注飞驰的新能源汽车】链接页面

图 5-7　【"专"注飞驰的新能源汽车】页面

步骤 ❷　选择网页内容"从 1834 年第一辆电动汽车诞生 ..."至"中国创造必将令世界瞩目！"，按 <Ctrl+C> 组合键复制。

步骤 ❸　进入文件夹 E:\ 素材，右击，在快捷菜单中选择【新建】中的【文本文档】，重命名为"新能源汽车 .txt"，双击该文件即可进入文件编辑状态，再按 <Ctrl+V> 组合键粘贴网页内容即可。

3）将网页中如图 5-8 所示的汽车图片保存为"新能源汽车 .jpg"。

步骤　找到网页图片，右击，在快捷菜单中选中【图片另存为 (V)...】，然后再在打开的如图 5-9 所示的【新建下载任务】对话框中，将【下载到】改成"E:\ 素材"，将文件名改为"新能源汽车 .jpg"，单击【下载】，即可完成图片的保存。

图 5-8　网页中"新能源汽车"图片

图 5-9　【新建下载任务】对话框

知识拓展

其实，也可以将整个网页保存下来，单击【菜单】，便会打开如图 5-10 所示的对话框，可以选择【网页另存为 (Ctrl+S)】，直接把整个网页保存下来。还可以选择【保存为图片 (Ctrl+M)】，将网页以图片的形式保存下来，这是不是也很方便呢？试试看！

图 5-10　【菜单】对话框

2　收发电子邮件

1）书写电子邮件，并将其发送给向同学、张同学，抄送给欧阳同学，密送给唐同学。

步骤 ❶　打开 QQ 邮箱（在 QQ 主面板中单击类似信封样的【邮件】按钮，或者在【极

课堂随笔

速浏览器】的地址栏中输入网址：https://mail.qq.com/，然后根据界面登录至 QQ 邮箱）。

步骤 ❷ 单击【写信】，进入电子邮件书写界面，然后按要求写信，上传附件，并填写收件人、抄送与密送，完成结果如图 5-11 所示，最后单击【发送】，即可完成该操作。

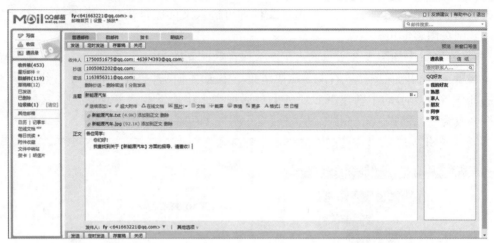

图 5-11 书写电子邮件

2）让向同学接收电子邮件并下载附件并让向同学将下载的附件上传至班级 QQ 群。

步骤 ❶ 让向同学进入 QQ 邮箱，单击【收信】，找到主题为【新能源汽车】的邮件。

步骤 ❷ 在【附件】区域可以看到两个附件如图 5-12 所示，分别进行下载并保存。

步骤 ❸ 进入班级 QQ 群，在选项卡中选择【文件】，再选择下载的附件，单击【上传】，即可看到如图 5-13 所示的上传成功的文件界面。

图 5-12 【电子邮件】附件

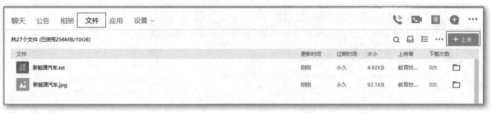

图 5-13 【文件上传】效果图

三 课堂练习

1. 访问纸艺网：https://www.zhidiy.com/，查看【剪纸】专区，并将该页面内容保存为图片（文件名为剪纸 .jpg），进入该页面底端【热门专题】区访问有关"春节"的链接，并选择自己喜欢的两幅剪纸图片保存下来。

2. 利用个人邮箱给好朋友发封电子邮件，向其介绍我国剪纸文化，并将第 1 题中保存的剪纸图片以附件的形式发送给对方。

第二节　信息检索

信息检索概述

一　信息检索概述

1 信息检索定义

广义的信息检索是指信息按照一定的方式进行加工、整理、组织并存储起来，再根据用户特定的需要将相关信息准确地查找出来的过程，既包括了信息的存储，又包括了信息的检索。狭义的信息检索仅指信息查询，即用户根据需要，采用一定的方法，借助检索工具，从信息集合中找出所需要信息的查找过程。一般情况下，信息检索指的就是广义的信息检索。

2 信息检索的作用

（1）信息检索是获取知识的捷径

二十世纪 70 年代，美国核专家泰勒收到一份题为《制造核弹的方法》的报告，他被报告精湛的技术设计所吸引，感叹道："它是我至今看到的报告中最详细、最全面的一份。"但使他更为惊异的是，这份报告竟出于哈佛大学经济专业的青年学生之手，而这个四百多页的技术报告的全部信息来源又都是从图书馆那些极为平常的、完全公开的图书资料中所获得的。从这一事件反映出良好的信息检索能力是获取知识的捷径。

通过信息检索的学习，可以培养学生信息意识、信息获取与信息利用能力，从而提升其学习、科研能力。

（2）信息检索是科学研究的向导

美国在实施"阿波罗登月计划"中，对阿波罗飞船的燃料箱进行压力实验时，发现甲醇会引起钛应力腐蚀，为此他们付出了数百万美元来研究解决这一问题。事后查询得知，早在十多年前，就有人研究出来了，方法非常简单，只需在甲醇中加入2%的水即可。试想：如果在研究这一问题前，能事先进行相关检索，就不至于浪费这么大的人力、财力与时间成本。

据调查：在科研开发领域里，重复劳动在世界各国都不同程度地存在。而且我国的重复率相对美国与日本更高，说明我们更需要提高信息素养与信息检索能力。

（3）信息检索是决策的依据

民间从燕子低飞，得知可能要下雨的信息。由此可知：信息是决策的基础与依据。如果没有大量准确的信息，就不可能进行有效的推理，更不可能做出精准的决策。

课堂随笔

现代信息社会，不可能穷尽海量的信息，那么通过信息检索，以帮助做出决策就显得尤其重要。

（4）信息检索是终身学习的基础

在现代信息社会，要具备较强的可持续发展与终身学习能力，必须从浩瀚的信息资源中快速找出合适与优质的信息，提高可持续发展能力，打下终身学习的基础，不断更新知识，有效防止知识老化，以适应当代信息社会发展的需求。

3 信息检索的四大要素

（1）信息检索的前提：信息意识

信息意识是指人对信息的敏感程度，具体表现在人对信息敏锐的感受力、判断能力和洞察力。通俗地讲，就是面对不懂的东西，能积极主动地去寻找答案，并知道到哪里、用什么方法去寻求答案，这就是信息意识。所以，信息意识是信息检索的前提。

信息意识包括信息经济与价值意识、信息获取与传播意识、信息保密与安全意识、信息污染与守法意识、信息动态变化意识等内容。

（2）信息检索的基础：信息源

信息源是为满足其信息需要而获得信息的来源。

信息源类型按文献载体可分为印刷型、缩微型、机读型、声像型；按文献内容和加工程度分为一次信息、二次信息、三次信息；按出版形式分为图书、报刊、研究报告、会议信息、专利信息、统计数据、政府出版物、档案、学位论文、标准信息共十大类。

（3）信息检索的核心：信息获取能力

信息获取能力包括通过一定的途径去了解各种信息来源，选择合适的检索工具，使用检索工具检索出与之相关的信息，进而对检索结果进行分析与评价，甚至还包括调整信息检索策略，以达到最佳检索效果的能力。

信息检索效果可由查全率与查准率来衡量，其中：

查全率 = 被检出相关信息量 / 相关信息总量（%）

查准率 = 被检出相关信息量 / 被检出信息总量（%）

（4）信息检索的关键：信息利用

进行信息检索的目的就是为了利用信息。为了全面、有效地利用现有知识和信息，在学习、科学研究和生活过程中，信息检索的时间比例正逐渐增高，需要对获取信息进行整理、分析、归纳、总结，再结合研究思路与方法，对信息进行重构，创造出新的知识与信息，从而有效地利用信息，创造新的价值。

二 信息检索技术

1 信息检索语言

信息检索语言就是信息组织与信息检索时所用的语言。信息在组织

信息检索语言

存储过程中，对其内部特征（分类、主题）与外部特征（书名、刊名、题名、作者、出版社等）根据一定的语言习惯加以表述。检索信息时，也按照一定的语言来表达，这种在信息存储和检索过程中共同使用共同理解的表述方法就是检索语言。

依照不同的划分标准，检索语言有多种不同的类型。其中，按照表述的性质与原理分类，检索语言主要分为两大类：分类检索语言和主题检索语言。

（1）分类检索语言

分类检索语言是以学科为基础，按类分级编排的一类直接体现知识分类等级概念的检索语言。一般以数字、字母或两者结合作为标识。常见的分类检索语言有《中国图书馆分类法》《杜威十进分类法》《国际专利分类法》等，这里只简单介绍《中国图书馆分类法》与《国际专利分类法》。

● 中国图书馆分类法

《中国图书馆分类法》是我国编制出版的一部具有代表性的大型综合性分类法，是当今国内图书馆使用最广泛的分类法体系，简称《中图法》。它按照一定的思想观点，以学科分类为基础，结合图书资料的内容和特点，分门别类组成分类表。《中图法》采用汉语拼音字母与阿拉伯数字相结合的混合号码，用一个字母代表一个大类，以字母顺序反映大类的次序，大类下细分的学科门类用阿拉伯数字组成。为适应工业技术发展及该类文献的分类，对工业技术二级类目采用双字母。《中图法》先后出版了五版，现为第五版，包括马克思主义、列宁主义、毛泽东思想，哲学，社会科学，自然科学，综合性图书 5 大部类，22 个基本大类，具体见表 5-1，大类下细分的学科门请自行查询。

表 5-1　中国图书馆分类法——基本大类

A 马克思主义、列宁主义、毛泽东思想、邓小平理论	N 自然科学总论
B 哲学、宗教	O 数理科学和化学
C 社会科学总论	P 天文学、地球科学
D 政治、法律	Q 生物科学
E 军事	R 医药、卫生
F 经济	S 农业科学
G 文化、科学、教育、体育	T 工业技术
H 语言、文字	U 交通运输
I 文学	V 航空、航天
J 艺术	X 环境科学、安全科学
K 历史、地理	Z 综合性图书

● 国际专利分类法

国际专利分类法是用于专利文献分类的等级列举式分类法。1951 年，法国、联邦德国、英国和荷兰等国的专利专家组成分类法工作组，共同编制国际通用的专利分类法。目前，世界上大多数国家都采用国际专利分类法对专利文献进行分类，又译为《国际专

课堂随笔

利分类表》。《国际专利分类表》（简称 IPC） 1968 年在国际范围生效，以后每 5 年修订一次。IPC 按照技术主题分类，将全部技术领域划分为八个部，用大写英文字母 A~H 表示，具体见表 5-2。

表 5-2　国际专利分类

分类号	含义
A	人类生活必需
B	作业；运输
C	化学；冶金
D	纺织；造纸
E	固定建筑物
F	机械工程；照明；加热；武器；爆破
G	物理
H	电学

IPC 将与发明专利有关的全部技术内容按部、分部、大类、小类、主组、分组等逐级分类，组成完整的等级分类体系。

分类检索语言系统性强，便于按学科、专业直接检索比较广泛的课题；查全率高；但缺乏专指性，查准率不高，不能满足专深课题以及新兴学科、交叉学科和边缘学科知识的检索。使用起来不够方便，必须借助于专门的分类表之类的工具书。

（2）主题检索语言

主题检索语言是使用自然语言中的名词术语经过规范化后能直接标识主题的一类检索语言。

主题检索语言可分为标题词语言（标题法）、单元词语言（元词法）、叙词语言（叙词法）和关键词语言。标题词语言属于先组式语言，单元词语言和叙词语言属于后组式语言。目前标题词语言和单元词语言使用较少。叙词语言具有高度规范化和专指性特点，大大提高了文献的标引及检索能力。著名的 MEDLINE（美国医学索引）数据库采用 MeSH 词表（医学主题词表），EMBASE（医药学文献资料库）数据库采用 EMTREE（树状词表）词表，这两个医学主题词表均属于叙词词表。关键词语言实质上是一种在情报检索中直接使用自然语言的方法，是一种准情报检索语言。目前搜索引擎主要使用的就是基于关键词语言的检索技术。

主题检索语言直接性强，表达概念较为准确和灵活，与课题有关而分散在各个学科中的信息资源可集中起来，有利于查全与查准。但是它不能从学科体系方面来探索问题。新生概念没有合适的主题词，使用起来有一定的局限性。

2 信息检索技术

常见的检索技术有布尔逻辑检索、截词检索、字段限定检索、位置检索、加权检索等。这里仅介绍前四种检索技术。

信息检索技术

（1）布尔逻辑检索（以中国知网数据库为例）

利用布尔逻辑运算符进行检索词或代码的逻辑组配，是现代信息检索系统中最常用的一种技术。常用的布尔逻辑运算符有三种，分别是逻辑或"OR"、逻辑与"AND"、逻辑非"NOT"。其组配关系如图 5-14 所示。

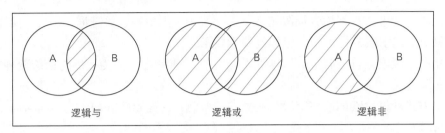

逻辑与　　　　　　　逻辑或　　　　　　　逻辑非

图 5-14　三种逻辑运算组配关系图

逻辑检索运算符的逻辑算符、检索结果与检索示例与检索式见表 5-3。

表 5-3　三种逻辑算符及其检索示例

	逻辑算符	AND ｜ *
逻辑与（并且）	检索结果	既包含检索词 A 又包含检索词 B 的文献
	检索示例	检索"大学生信息素养"方面的文献
	检索式	大学生 * 信息素养 ｜ 大学生 AND 信息素养
	逻辑算符	OR ｜ +
逻辑或（或者）	检索结果	包含检索词 A 或包含检索词 B 的文献或者同时包含 A 与 B 的文献
	检索示例	检索"分类检索语言或主题检索语言"方面的文献
	检索式	分类检索语言 + 主题检索语言 ｜ 分类检索语言 OR 主题检索语言
	逻辑算符	NOT ｜ -
逻辑非（不包含）	检索结果	包含检索词 A 但不包含检索词 B 的文献
	检索示例	检索包含"分类检索语言但不包含主题检索语言"方面的文献
	检索式	分类检索语言 - 主题检索语言 ｜ 分类检索语言 NOT 主题检索语言

（2）截词检索（以中国知网数据库为例）

截词检索是把检索词截断，取其中的一部分片段，再加截词符号一起构成检索式。系统将按照这个片段与数据库里的索引词进行匹配，凡包含这些词的片段的文献都会被检索出来。达到提高查全率的效果。截词检索主要用于西文数据库的检索，中文数据库检索很少用这种技术。

在不同的检索系统中使用不同的截词符号。常用的截词符号有"*"和"?"两种。"*"常用于无限截词，如"inform*"，可以检索出 inform、information、informal、informatics、informant 等检索词。"?"常用于有限截词，如"sh?p"，可以检索出

课堂随笔

ship、shop 等。

根据截词的位置，可将截词检索分为前截断检索、后截断检索与中截断检索。根据截断的字符数量，可将截词检索分为有限截断检索和无限截断检索。

（3）字段限定检索（以爱学术数据库为例）

字段限定检索就是将检索词限定在某一字段中（如主题、关键词、作者、摘要等），计算机只对限定字段进行运算，以提高检索效果。

常用的字段限定符号有"in"与"="。字段检索的方式分为后缀与前缀两种方式。

● 前缀方式

前缀方式即将检索词放在字段代码之前。举例：computer in AB、computer in TI 等。

● 后缀方式

后缀方式即将检索词放在字段代码之后。举例：AU=ZHANG、PY>=2018 等。

字段代码与字段中文名称对应关系见表5-4。

表5-4　字段代码及字段中文名称对应关系表

字段代码	字段中文名称	字段代码	字段中文名称	字段代码	字段中文名称
TI	题名（篇名）	SU	主题	KW	关键词
AB	摘要	AU	作者	AF	作者单位
AD	作者地址	SO	文献来源	PY	出版年份
LA	语种	CL	分类号	CN	期刊代码
IS	国际标准刊号	AN	记录存储号		

（4）位置检索（以爱学术数据库为例）

位置检索也叫临近检索。它是用一些特定的算符（位置算符）来表达检索词与检索词之间的临近关系，并且可以不依赖主题词表而直接使用自由词进行检索的技术方法。常用的位置检索运算符有如下几种：

● "（W）"算符

"W"含义为"with"，表示其两侧的检索词必须紧密相连，除空格和标点符号外，不得插入其他词或字母，且两词的词序不可以颠倒。例如，检索式为"Position（W）Retrieval"时，系统只检索含有"Position Retrieval"词组的记录。

● "（nW）"算符

"（nW）"中的"W"的含义为"Word"，表示此算符两侧的检索词必须按此前后邻接且顺序不可颠倒，而且检索词之间最多有 n 个其他词。例如 :study（2W）pattern 可检索出包含"Study Pattern"和"Study of Uniformity Pattern"的记录。

● "（N）"算符

"（N）"中的"N"的含义为"near"。这个算符表示其两侧的检索词必须紧密相连，除空格和标点符号外，不得插入其他词或字母，但两词的词序可以颠倒。例如，检索式为"Civilized（N）China"时，系统将会检索出含有"CivilizedChina"与"China

Civilized"词组的记录。

● "（nN）"算符

"（nN）"表示允许两词间插入最多为 n 个其他词，包括实词和系统禁用词。例如，检索式为"Civilized（3N）China"时，系统将会检索出含有"Civilized"和"China"两词间不超过 3 个其他词组的记录。

● "（F）"算符

"（F）"中的"F"的含义为"field"。这个算符表示其两侧的检索词必须在同一字段（例如同在题目字段或文摘字段）中出现，词序不限，中间可插任意检索词项。例如，检索式为"Educational （F） Culture"时，系统将会在题目字段或文摘字段检索出含有"Educational of Culture"词组的记录。

● "（S）"算符

"（S）"中的"S"算符是"Sub-field/Sentence"的缩写，表示在此运算符两侧的检索词只要出现在记录的同一个子字段内（例如，在文摘中的一个句子就是一个子字段），不限制它们在此子字段中的相对次序，中间插入词的数量也不限。例如"Information （S） Culture"表示只要在同一句子中检索出含有"Information"和"Culture"形式的均为命中记录。

第三节　搜索引擎的使用

一　搜索引擎分类

1 搜索引擎工作原理

搜索引擎的使用

　　所谓搜索引擎，就是根据用户需求与一定算法，运用特定策略从互联网检索出相关信息反馈给用户的一门检索技术。搜索引擎依托于多种技术，如网络爬虫技术、检索排序技术、网页处理技术、大数据处理技术、自然语言处理技术等。搜索引擎的整个工作过程可分为四个部分：一是蜘蛛在互联网上爬行和抓取网页信息，并存入原始网页数据库；二是对原始网页数据库中的信息进行提取和组织，并建立索引库；三是用户输入的关键词；四是根据用户输入的检索词，快速找到相关文档，然后对找到的结果进行排序，并将查询结果返回给用户。具体如图 5-15 所示。

　　举例：将搜索网页的行为，比喻成挑选网络优秀学员的工作。

　　1）先将所有需要参评的网络学员收集起来，存起来；这就是搜索引擎的抓取（爬虫），即把全部互联网的网页抓下来。

课堂随笔

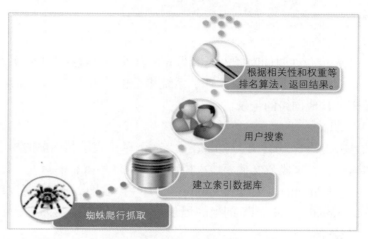

图 5-15　搜索引擎工作原理

2）其次把每个网络学员的信息（如按姓名、年龄、成绩等）存起来，这就相当于网页存储，并把这个网页的内容按照关键词、摘要等信息解析出来，并按照一定的顺序对网页进行编排，这个过程就相当于建立索引库。

3）如果需要按照学员的成绩进行评选，这就相当于用户在搜索界面中输入搜索引擎能够识别的关键词（检索式）。

4）网络根据用户输入的检索式，快速找到相关文档，然后对找到的结果按照一定的顺序排序，并将查询结果返回给用户。

2　搜索引擎的分类

目前互联网上的搜索引擎站点有成千上万个。各个搜索引擎在收录的范围、内容、检索方法方面各有不同。按照不同的分类标准，可以将搜索引擎进行如下分类。

（1）按照信息检索方式分类

- 分类搜索引擎：如新浪。
- 关键词搜索引擎：如百度。
- 混合搜索引擎：如搜狗。

（2）按照信息覆盖范围分类

- 综合性搜索引擎：如百度、必应等。
- 垂直搜索引擎：如淘宝网、去哪儿网。

（3）按照搜索引擎工作原理分类

- 全文搜索引擎：通过用互联的各个网站的信息建立数据库，检索出与用户查询条件匹配的记录，并按一定的排列顺序将结果返回给用户，如百度、必应等。
- 目录式搜索引擎：以人工方式或半自动方式搜集信息，形成信息摘要，并将信息置于事先确定的目录中，如新浪目录搜索。
- 元搜索引擎：它接受用户查询请求后，同时在多个搜索引擎上搜索，并将结果返回给用户，如搜星、InfoSpace。

关于搜索引擎收录较全的网站是搜网（http://www.sowang.com/link.htm），界面如图 5-16 所示，其收录的搜索引擎种类较全。

图 5-16　搜网 – 搜索引擎大全界面

另外，还有一个纯粹的集搜索引擎、资源分享、经验交流的社区平台：虫部落（https://www.chongbuluo.com），其部落、快搜、学术搜索、搜书等导航极具访问价值，真是快人一步，尤其是其快搜，让搜索更简单、更快乐，既可当作资源网站，又可作为生活娱乐的工具，便利我们的生活。其界面如图 5-17 所示。

图 5-17　虫部落快搜界面

二　搜索引擎使用技巧

1 专业的事情交给专业的人去做

在使用搜索引擎时，所谓"专业的事情交给专业的人去做"是指在搜索某一具体门类的知识点或操作时，尽可能使用垂直搜索引擎。例如购物，一般去"淘宝""天猫""京东""亚马逊"等购物网站，而非"百度"；买车票，一般去"12306""携程旅游网"

等平台，而非"百度"；查中文文献资料，一般去"知网""维普""万方"等中文数据库平台，而非"百度"；查专利，一般去"国家知识产权局专利检索及分析""中国及多国专利审查信息查询""润桐 RainPat 专利检索""佰腾专利检索系统"等专门的专利查询平台，而非"百度"。

2 关键词的使用技巧

在搜索引擎中进行搜索时，对于同一问题，输入不同的关键词，往往会得到一些不同的结果。这里以搜索图片为例，说明解决这类问题的基本方法。

（1）具象化

所谓具象化，就是将一些较抽象的名词具体化。例如查找表示"成功"的图片，可以用"商务人士""山峰""高楼"等词来替代。

（2）中文变英文

在查找有关"商业"的图片时，除了直接输入"商业"进行搜索外，还可以输入"business""commerce"来替代。

（3）近义词替代

在查找有关"树木"的图片时，除了直接输入"树木"进行搜索外，还可以输入"树林""丛林""森林"来替代。

3 学会使用高级搜索

很多搜索引擎都有一般搜索界面，也有高级搜索界面。当一般搜索界面不能很好地精准定位或者找到满足指定格式等要求的文档时，可以尝试一下其高级搜索。这里以"百度"搜索引擎为例，介绍其高级搜索方法。

（1）搜索范围限定在标题中：intitle

如果要将搜索关键词限定在"网页标题"中，可用"intitle：引领关键词"。

例如，要查找标题中含有"搜索引擎"的网页，就可以这样查询："intitle：搜索引擎"，搜索结果中，可以看到如图 5-18 所示的搜索结果，所有搜索结果的标题中均含有"搜索引擎"，而若没有加"intitle"，则不一定，具体如图 5-19 所示。

图 5-18 "搜索引擎"包含在标题中

图 5-19 简单检索"搜索引擎"

（2）在指定站点中搜索：site

如果知道某个站点中有要搜寻的信息，或者只想在某个站点中搜索相关信息，就可以把搜索范围限定在这个站点中，以提高查准率。方法是在查询内容的前面，加上"site：站点域名"。注意，"site："后面跟的站点域名，不需要写"http://www."。

例如，要在"湖南幼儿师范高等专科学校"站点中查找关于"奖学金"的网页，就可以这样查询：写成"site：hnyesf.com 奖学金"，则搜索结果如图 5-20 所示，打开网页便可查询到所有奖学金的网页均来自于"湖南幼儿师范高等专科学校"。

图 5-20　site 语法的用法

（3）搜索范围限定在 URL 链接中

网页 URL 中的某些信息，常常有某种有价值的含义，如果对搜索结果的 URL 做某种限定，就可以获得良好的效果。实现的方式是使用"inurl:"，后面跟需要在 URL 中出现的关键词。

例如，找关于"搜索引擎"的使用技巧，可以这样查询："搜索引擎 inurl：jiqiao"，代表关键词"搜索引擎"可以出现在网页的任何位置，而"jiqiao"则必须出现在网页 URL 中，具体如图 5-21 所示。

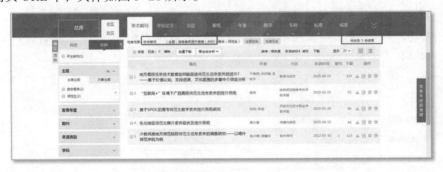

图 5-21　搜索范围限定在 URL 链接中

（4）精确匹配加上双引号

如果输入的检索关键词很长，搜索引擎经过分析后，给出的搜索结果中的关键词可能是拆分的。如果对查询结果不满意，可以给检索关键词加上双引号，达到防止拆分的效果。

例如，搜索"搜索引擎的分类"，如果不加双引号，搜索结果被拆分，查准率不高，

课堂随笔

但加上双引号后,搜索结果明显减少,却都符合要求了。

(5)结果不含特定查询词:减号语法

如果发现搜索结果中有某一类网页是不希望看见的,而且,这些网页都包含特定的关键词,那么用减号语法就可以去除所有这些含有特定关键词的网页。

例如,搜索"信息检索",不包括"信息查询",就使用"信息检索 – 信息查询"。特别注意:前一个关键词和减号之间必须有空格,减号和后一个关键词之间有无空格均可,否则,减号将被当成连字符处理,而失去减号语法功能。

(6)搜索指定格式的文件:filetype

如果要查找的关键词是某一类型的文件,则可以使用 filetype 语法查找,如 pdf、doc、xls、ppt、rtf 格式的文件。

例如,搜索"信息检索"方面的演示文稿,就使用"filetype:ppt 信息检索",则会发现搜索结果如图 5-22 所示,都是"演示文稿"类的网页文件。

图 5-22 filetype 语法的应用

操作提示

如果对百度各种查询语法不熟悉,可以使用如图 5-23 所示的"百度"集成的高级搜索界面,可以用简单的填空与选择完成上述各种搜索查询,而且还可以轻松限定要搜索网页的时间。

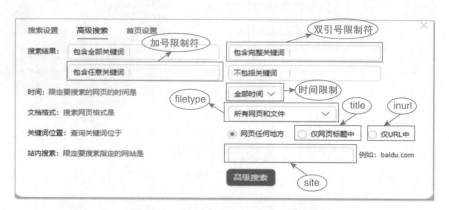

图 5-23 "百度"集成的高级搜索界面

第四节　信息检索常见途径

一　信息检索途径

　　检索途径是指通过文献信息的特征标识检索所需要的原始文献信息的方法。根据文献的特征，一般可分为内部特征与外部特征。文献的内部特征一般指其分类号、主题词、分子式等特征；文献的外部特征一般是指其题名信息、作者信息以及专利号、标准号等号码信息。文献的这些特征提供了多种检索途径。各大文献数据库的检索界面各不相同，但都能清晰地根据提示以及高级检索功能，完成文献信息的检索。下面以中国知网为例，介绍几种常见的检索途径。

1　题名途径

根据文献的篇名、书名或刊名等查找文献的途径。

2　作者信息

根据文献的作者查找信息的途径。作者有时是个人，有时是团体，或者是专利发明人。一般来说，通过作者途径，可以得知作者的最新文献或著作等信息，从而掌握其一段时间的发展动态。

3　号码途径

号码途径是按照 ISSN 号、ISBN 号、专利号等进行文献检索的方法。

4　分类途径

分类途径是指按照学科分类体系利用分类语言查找文献的途径的方法。如按中图分类号检索就是典型的分类途径。

5　主题途径

主题途径是利用文献的主题、关键词、摘要等内容进行检索的途径。

6　时间途径

时间途径是根据文献或专利发表的时间范围来查找文献的途径。

课堂随笔

二　信息检索步骤

1 分析检索课题，明确检索要求

从课题的语种、学科、时间范围、主题内容、研究要点、文献类型等确定检索要求。

2 选择检索系统，确定检索途径

（1）选择信息检索系统的方法

一般可以采用查阅图书馆信息、利用熟悉的检索工具、检索各种数据库、网络在线搜索、多方咨询等办法帮助选择。

（2）选择信息检索系统的原则

● 数据库收录的文献信息需涵盖检索课题的主题内容。

● 就近原则、经济原则、方便查阅原则以及熟悉原则。

● 选择质量较高、收录信息量大、更新及时、使用方便、信息相关度高的数据库或网络搜索引擎。

（3）确定检索词与检索途径

● 确定检索词的基本方法：选择显性或隐性主题概念作主题检索词；选择课题核心概念作检索词；注意检索词的规范化表达；使用联机方式确定检索词。

● 根据检索内容的各种特征选择合适的检索途径。

3 制定检索策略，查阅初步结果

● 制定检索策略前，需要了解检索系统的功能，明确检索课题的内容要求和检索目的。

● 正确选择检索词，并利用信息检索技术对检索词进行合理组配。

● 查阅初步检索结果。

4 调整检索策略，获取所需信息

根据初步的检索结果，辨析文献等信息是否精准（查准率）、完备（查全率），调整检索策略，最后再将检索结果进行筛选并输出检索结果。

三　信息检索策略

信息检索策略就是为实现检索目标而制定的全盘计划与方案，是对整个检索过程的策划与指导，通俗来讲，就是指设置检索式。检索式一般由检索词、三种逻辑运算符（与、或、非）、词间位置运算符及各种限定符号构成。信息检索策略的确定一般分为如下几个步骤：

1）分析主题内容，确定正确的检索词（即主题词或关键词）。

2）对于确定的检索词，选择各种运算符（包括逻辑运算符、位置运算符、截词符，字段限定符等），编制合理的检索式。

3）分析学科范畴，确定检索年代、最终文献类型等信息。

4）确定检索渠道（包括搜索引擎、中外文数据库和网络资源等）与检索途径。

第五节 信息检索案例

随着检索技术的不断发展与进步，信息以多种形式呈现，检索信息的渠道多种多样，这里以三个不同的案例来介绍信息检索的过程。

1 搜索引擎

搜索引擎是互联网上具有查询功能的网页的统称，是获取信息的重要工具。其工作原理与分类在前面已经介绍，并以综合搜索引擎【百度】为例，对其高级应用也做了详细的介绍，这里就不再举例。

2 学术搜索

常见的学术搜索引擎有：百度学术、必应学术、读秀学术搜索、360 学术搜索等。每种学术搜索的收集内容有些差别，但操作方法基本类似，这里以如图 5-24 所示的百度学术搜索为例，讲述其使用方法。

（1）进入百度学术的方法

方法 1：直接在地址栏中输入网址：https://xueshu.baidu.com。

方法 2：先进入【百度】，再单击界面中的【学术】，即可看到如图 5-24 所示的搜索页面。

图 5-24 百度学术搜索页面

（2）百度学术搜索简介

"百度学术搜索"是百度旗下的提供海量中英文文献检索的学术资源搜索平台。它

课堂随笔

涵盖了各类学术期刊、会议论文，旨在为国内外学者提供最好的科研体验。

百度学术搜索页面简洁大方，保持了百度搜索一贯的简约风格，只要在检索框中输入一个检索词，就可以检索出网络中大量的学术信息。

百度学术提供了【论文查重】、【学术分析】、【期刊频道】、【学者主页】、【开题分析】与【文献互助】等站内功能，颇具特色。另外，单击【导航】，可打开图 5-25 所示的"百度学术导航页面"，由图可知：百度学术搜集了包括【中国知网】、【万方数据】、【WEB OF SCIENCE】等大型国内外信息数据库的链接，方便快速接入与查询相关文献等资料。

图 5-25　百度学术导航页面

百度学术中的高级搜索界面如图 5-26 所示，在其中可以对检索词进行各种限定与逻辑运算，指明检索词出现的位置，提供了作者名字及机构的查询方法，还可按出版物是"期刊"还是"会议"类型去搜索，并能设置搜索结果的发表时间以及语言检索范围（中文或英文），更加精准地完成搜索。

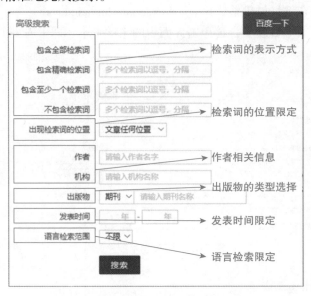

图 5-26　百度学术中的高级搜索界面

（3）百度学术的应用实例

实例 ❶　查找"师范生信息素养培养策略"方面的文献，并根据结果下载合适的期刊论文。

步骤 ❶　输入搜索关键词。

在百度学术搜索框中输入"师范生信息素养培养策略"，单击【百度一下】，将出现如图 5-27 所示的搜索结果页面。

图 5-27　百度学术搜索"师范生信息素养培养策略"结果页面

步骤 ❷　对搜索结果进行限定。

根据搜索结果，将时间限定在"2015~2020"年之间，期刊为"北大核心期刊"，获取方式为"免费下载"，类型选定为"期刊"等四方面的限定，将出现如图 5-28 所示的搜索结果。根据搜索结果的限定与评价，决定下载《新闻战线》期刊，作者为王福的文献《新媒体冲击下师范生信息素养的培养》。

图 5-28　百度学术搜索结果限定页面

步骤 ❸ 下载文献"新媒体冲击下师范生信息素养的培养"。

在图 5-28 中单击"新媒体冲击下师范生信息素养的培养"文献标题,将会打开如图 5-29 所示的页面,单击【免费下载】,再单击【爱学术】,将出现如图 5-30 所示的页面,在页面下方即呈现了文献全文,单击【免费下载】,即可顺利完成本文献的下载。

图 5-29 百度学术文献打开页面

图 5-30 百度学术文献在爱学术中呈现的免费下载结果页面

实例 ❷ 查找我国第一位教育技术学博士生导师"何克抗"教授(北京师范大学现代教育技术研究所)的学术研究情况。

步骤 ❶ 在百度学术的【站内导航】界面中单击【学术分析】,会出现如图 5-31 所示的页面。

图 5-31 百度学术中学术分析页面

步骤 ② 单击【学术分析器】中的【学者分析】，会出现如图 5-32 所示的页面。

图 5-32 学者分析页面

步骤 ③ 在学者框中输入"何克抗"，在机构中输入"北京师范大学现代教育技术研究所"，再单击【学者分析】按钮，即可看到如图 5-33 所示的"何克抗"教授的学术

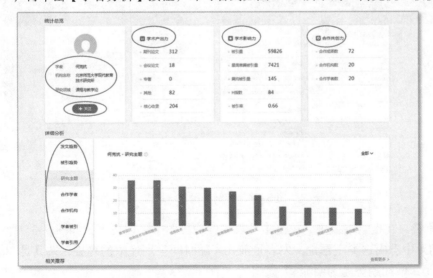

图 5-33 "何克抗"教授的学术分析页面

分析情况。在【统计总览】中可以看到其"学术产出力、学术影响力、合作共创力"的信息。在【详细分析】中还可以看到其"发文趋势、被引趋势、研究主题、合作作者、合作机构、学者被引、学者引用"的相关信息，这些信息可以帮助我们去全面了解教授的学术影响力。

3 信息数据库

（1）信息数据库分类

● 外文信息数据库

外文信息数据库又分为外文摘要型数据库和外文全文型数据库。外文摘要型数据库有 EI Village（工程索引数据库）等。外文全文型数据库有 EPSCO 数据库、ACS 数据库等。

● 中文信息数据库

随着信息资源电子化的发展，中文信息资源数据库的发展也越来越快，目前比较有代表性的三大中文数据库有中国知网、维普和万方。其中中国知网和万方属于综合型数据库，包含期刊、学位论文、会议、报纸、专利、年鉴、标准等。另外还有人民大学复印报刊资料数据库、中国经济信息网等专业数据库。这里，将以中国知网为例说明其应用方法。

（2）中国知网的应用实例

实例 ❶   查找"信息素养提升策略"学术期刊方面的文献，并查看发表年度趋势图。

步骤 ❶   在浏览器中打开中国知网（https://kns.cnki.net/），在主题中输入"信息素养提升策略"，单击搜索按钮，便可看到如图 5–34 所示的按发表时间降序排列的搜索结果，其中学术期刊 263 篇，学位论文 90 篇，会议类 9 篇，报纸类 2 篇（此数据会随查询时间不同而变化）。

图 5-34   实例 1 搜索结果

步骤 ❷   在搜索结果中，单击【发表年度趋势图】，即可看到如图 5-35 所示的结果。从结果中看出这类主题论文发表量前几年随时间呈现递增的趋势，尤其是 2019 年和 2020 年，增加趋势尤为明显。

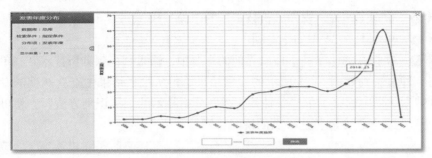

图 5-35　发表年度趋势图

实例 ②　检索篇名中含有"师范生"，主题为"信息素养提升策略"的文献。

步骤 ①　单击中国知网的【高级搜索】，在出现的如图 5-36 所示高级搜索界面的【主题】中输入"信息素养提升策略"。

步骤 ②　单击【主题】下边的下拉列表框，选择【篇名】，并在【篇名】中输入"师范生"，再单击【检索】按钮，即可看到如图 5-37 所示搜索结果。

图 5-36　中国知网高级搜索

	篇名	作者	刊名	发表时间	被引	下载	操作
1	地方高校信息技术教育如何能促进师范生信息素养的提升？——基于价值认知、支持资源、文化氛围的多重中介效应分析	于海英; 关炽海; 李树平	教育与经济	2020-08-15	557		
2	"互联网+"环境下广西高校师范生信息素养的提升策略	侯英	桂林师范高等专科学校学报	2020-03-15	75		
3	基于SPOC的高专师范生数字素养提升策略研究	向瑞; 张斌	开封文化艺术职业学院学报	2020-01-20	40		
4	东北地区师范生媒介素养现状及提升策略	唐小星	传播与版权	2015-06-15	44		
5	少数民族地方师范院校师范生信息素养的调查研究——以喀什师范学院为例	张少辉; 杨慧玲	软件导刊	2012-07-30	1	123	

图 5-37　实例 2 搜索结果图

操作提示

中国知网的功能远不止查询期刊文献，还可以查询专利、标准等。在查找时，还可以查看"被引"与"下载"数，还可以设置发表年度、期刊类别、来源类型等，这些都值得大家深入探究。

实例 ③ 检索主题为"视频分析技术"的中国专利。

步骤 ❶ 单击图 5–34 中的【专利】。

步骤 ❷ 在打开的【专利】搜索界面的主题中,输入"视频分析技术",单击【检索】按钮,即可看到如图 5–38 所示的检索结果。再从检索结果中查看匹配的专利,如打开专利搜索结果中的第 1 条"一种基于视频分析技术的烟雾识别方法",便可看到如图 5–39 所示的关于该专利长达 6 页的说明文稿。

图 5–38 专利检索结果

图 5–39 专利查看详细页面

当然,还可以根据【公开号】、【申请号】、【分类号】、【申请人】、【发明人】、【代理人】等方式去查询专利。

另外,专利查询还可以使用"国家知识产权局"(http://pss-system.cnipa.gov.cn/)中的专利检索轻松实现。

实例 ④ 检索主题为"信息安全技术"的国家标准。

步骤 ❶ 单击图 5–34 中的【标准】。

步骤 ❷ 在打开的【标准】搜索界面的主题中,选择"国家标准",在主题搜索框中输入"信息安全技术",单击【检索】按钮,即可看到如图 5–40 所示的检索结果。再从检索结果中查看第 4 条现行的"信息安全技术 个人信息安全规范"标准,即可看到如图 5-41 所示的标准检索效果。

图 5-40　实例 4 检索结果页面

图 5-41　标准查看详细页面

第六章

新一代信息技术

第一节 概述

概述

科学技术是第一生产力。国力的竞争即是科技的竞争。

第一次工业革命是以 18 世纪 60 年代蒸汽机的广泛应用为标志，人类进入蒸汽时代；第二次工业革命是以 19 世纪后期电灯、内燃机的发明和电力的广泛应用为标志，人类从此进入电气时代；第三次工业革命是以 20 世纪中期计算机的发明和广泛应用为标志，以计算机、核能、现代医疗技术为代表，人类从此进入信息时代；目前正在进行的第四次工业革命是以人工智能、量子信息等技术为代表，人类将进入智能时代。在智能社会，我们能看到真正的无人驾驶汽车、会学习的智能机器人、智能交通、智能工厂、智慧城市等。大数据、云计算、人工智能、物联网、5G 移动通信技术、区块链、量子信息等新一代信息技术相互融合，共同推动人类社会向前发展。

智能社会的技术架构如图 6-1 所示，可以看到由下到上共分三个层次：基础技术、支撑技术和智能应用。

图 6-1 智能社会的技术架构

基础技术方面，5G 网络和量子通信保障数据高速、安全地传输，物联网为万物物联的智能终端提供支持，量子计算使突破极限的高速计算成为可能。

支撑技术方面，人工智能实现生产智能化，区块链技术为社会关系的智能化提供新的选项，云计算和大数据将互联网上海量数据进行挖掘处理并运用到人类社会生活的各个方面。

智能应用方面，可以看到智能机器、智能工厂、智能家居、智能交通、智慧城市、数字货币和智能合约等应用，它们将一步步走进人们生活，并推动人类的生产力的发展。

第二节　云计算和大数据

信息技术的发展风起云涌，云计算和大数据技术在全球范围内得到了蓬勃发展，为人们生产生活提供了更加优质、高效的服务。从技术上看，大数据与云计算的关系就像一枚硬币的两面，密不可分。人们常把大数据比作宝藏，云计算就是挖掘宝藏的利器。

一　云计算

1 云计算的概述

云计算

（1）由来

云计算（Cloud Computing），至今没有统一的定义，这个概念是 2006 年，谷歌首席执行官埃里克·施密特（Eric Schmidt）在搜索引擎大会（SES San Jose 2006）上首次提出来的，他使用"云"这个词形象生动地描述了提供资源服务网络的形态。此后，"云计算"迅速成为计算机领域最令人关注的话题之一，为互联网技术和 IT 服务提供了新的模式。

本质上，云计算是传统计算机技术和网络技术发展融合的产物。云计算所使用的传统计算机技术有：分布式计算、并行计算、效用计算、网络存储、虚拟化、负载均衡等。

（2）什么是云计算

一般认为，云计算是一种新型的计算模式，通过整合、管理、调配分布在网络各处的计算资源，以统一的界面同时向大量用户提供服务，个人用户可以通过手机、电脑等方式接入数据中心，按需计量地使用这些服务，并可以获得与超级计算机同样强大的效能。

简而言之，云计算是与信息技术、软件、互联网相关的一种服务，这种计算资源共享池叫作"云"，云计算把许多计算资源集合起来，通过软件实现自动化管理，只需要很少的人参与就能让资源被快速提供，如图 6-2 所示。

图 6-2　云计算

2 云计算分类

（1）按服务类型分

按服务类型分，可以把云计算分为基础资源云、开发云和应用云。他们对应的服务分别是：基础设施即服务（IaaS）、平台即服务（PaaS）、软件即服务（SaaS），如图 6-3 所示。

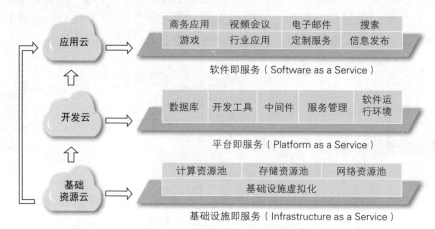

图 6-3 按服务类型分为三种模式

- **基础设施即服务（IaaS）**

企业级用户可以在线租赁服务器、存储设备、网络等信息基础设施资源，这样的资源提供的方式叫基础设施即服务（Infrastructure as a Service），用户可以自主运行操作系统和应用软件，IaaS 层广泛采用虚拟化技术。

- **平台即服务（PaaS）**

用户直接在线租用数据库、文件存储等应用、服务接口或平台，这样的资源提供方式叫平台即服务（Platform as a Service）；它为开发人员提供通过全球互联网构建应用程序和服务的平台，为开发、测试和管理软件、应用程序提供按需开发环境，大大降低开发成本。

- **软件即服务（SaaS）**

用户不需要购买软件，而直接通过网络向特定的供应商租用具体的软件服务，如苹果手机的云服务、WPS 云文档、微信小程序等，这样的服务叫软件即服务（Software as a Service）；SaaS 层通过互联网提供给用户按需付费的应用程序，可随时随地访问、修改、使用云端数据，由供应商管理、维护应用程序。

（2）按服务模式分

云计算按服务模式可以分为：公有云、私有云、混合云。能对所有公众开放的叫公有云，如阿里云、百度云等。只向一个企业、政府单位提供服务的叫私有云。两者结合，即包含对单位私有服务部分，也包括对大众公共服务部分的模式称为混合云，如：教育云、电子政务云等，既有专网服务，也有对个人用户的服务，属于典型的混合云。

3 云计算的特点

云计算的特点见表 6-1。

表 6-1 云计算的特点

（1）更强大	（2）更省事
超大规模："云"具有相当规模服务器组件。 **资源共享**：多租户模式服务多个用户。资源以分布式共享的方式存在，以单一的形式呈现给用户。 **高可扩展性**：可动态伸缩地满足需求增长。	**易接入**：任何时间、地点用简单设备即可接入。 **虚拟化**：资源在云，而不是固定的有形实体。 **通用性好**：不针对特定的应用，支持不同的应用运行。
（3）更省钱	（4）更安全
按需服务：用户按需购买，避免资源浪费。 **价格低**：云的自动化集中式管理，及通用性降低使用成本。	**高可靠性**：采用多副本容错，计算节点同构可互换等措施，提高可靠性。

4 云计算关键技术

云计算的关键技术有四个：一是分布式数据存储技术，实现在廉价服务器上搭建大规模的存储集群，支持不断增加存储设备和存储能力。二是虚拟化技术，服务器虚拟化、存储虚拟化和网络虚拟化。把一个装备可以变成多个，供不同的人租用。三是并行计算技术，可以把一个大的任务分解到多个服务器运行，由一算变多算，提高计算的速度。四是数据管理技术，统一管理海量的面向不同用途的数据，并进行分析和处理。

5 云计算的典型应用

目前，云计算技术发展得非常快，国内外服务供应商的服务产品、服务类型非常多，知名公司很多，国外知名的有亚马逊的 Amazon Web Service、微软的 Azure 等，国内有阿里云、华为云、腾讯云等。应用包括：云存储、云服务、云物联、云安全及云办公等。可以说人们感觉不到"云"的存在，却一直身在"云"中。

二 大数据

1 大数据的概述

（1）由来

大数据

大数据是信息技术发展到一定阶段的必然产物。随着互联网、云计算等技术的深入发展和人们长期对"数据"的研究应用，需要将原来难以收集、使用的海量数据（大数据）利用起来，为人类创造价值。

课堂随笔

（2）什么是大数据

大数据是现有数据库管理工具和传统数据处理应用很难处理的大型、复杂的数据集，大数据的挑战包括采集、存储、搜索、共享、传输、分析和可视化等。大数据技术主要包括数据的存储、管理、分析和挖掘等方面。

2 大数据的特点

大数据的特点体现在四个方面，如图 6-4 所示。

图 6-4　大数据的特点（4V）

（1）规模性（Volume）

需要采集、处理、传输的数据容量巨大。随着移动设备的普及、社交媒体广泛应用，使得用户产生的数据量剧增，从 TB 级跃升到 EB、ZB 级，如：截至 2020 年，全球产生的数据量达 44ZB；2020 年双十一交易量 25.6 万笔 / 秒。

（2）多样性（Variety）

数据类型多、复杂性高。通过多种途径获得的数据中非结构化数据越来越多。多样性是大数据时代的显著特征。

所谓"非结构化数据"，包括网络日志、电子邮件、音频、视频、图片、地理位置信息等。与之相对应，"结构化数据"是高度组织化和格式化的数据，计算机可以轻松地处理它们，例如：公司的销售数据、员工基本信息等类似的可以放入二维表格里的数据。随着信息技术的发展，互联网中结构化数据所占的比重逐渐减少，约 15%，而非结构化数据比重逐步增多，约 85%，这就对大数据技术处理、分析、运用方面提出了更高的要求。

（3）高速性（Velocity）

数据需要频繁地采集、处理并输出。即对数据的整合处理应具有高速性，从而满足用户实时性的需求。

（4）价值性（Value）

即价值的低密度性，要从规模巨大、类型复杂的大数据中挖掘出有价值的信息难度很大。这体现了大数据运用的稀缺性、不确定性和多样性，需要运用各种技术手段从多维度、多角度、多层次的数据中去挖掘。

3 大数据关键技术

大数据的关键技术体现在大数据采集、存储、分析处理、呈现四个环节。

大数据采集的主要工作是获取数据，数据来源一般有三种，分别是平台自营型数据、其他主体运营数据和互联网数据，云计算是产生大数据的平台之一。

大数据存储的核心问题是如何高效地快速读取数据、快速存储数据。云计算为大数据提供了弹性可扩展的基础设备。分布式处理技术将分布在各处的大数据统一管理，控制协调一致地完成信息处理。

大数据分析处理，关注的是对数据进行建模分析和挖掘数据的价值。这部分是大数据技术的核心。处理过程主要包括数据预处理、特征提取与选择、数据建模等。需要借助云计算和云平台的高效分析及处理能力，实现大数据的价值。

大数据呈现，一般指数据的可视化，可视化是指将大型数据集中以数据图形、图像的方式表示，并利用分析开发工具发现其中未知信息的处理过程。

4 大数据的典型应用

大数据的应用深刻地影响着人们生活、工作和学习。依靠大数据的分析和研究，提取有价值的信息，对政府和商业机构科学决策提供支持。大数据的典型应用主要是以下三个方面：商业服务、政府决策、公共服务。

商业服务是大数据应用最广的领域，在金融、通信、物流、零售、电信等各行各业均有案例。例如：商品广告的定点推送，当在购物平台中搜索了婴儿奶粉后浏览新闻，这时奶粉、尿不湿等商品的广告就会推送过来；连锁超市通过大数据精准分析客户购买商品的关联性，来指导货物的摆放，提升销售量。

大数据在政府应对重大灾害、提升执政能力、改善公共服务等方面提供了重要支持。例如：在 2020 年至 2021 年新冠疫情防控中，大数据起到了关键作用，利用大数据梳理病毒感染者的生活轨迹、追踪人群接触史，配合关系图谱成功锁定感染源及密切接触人群，对人员流动进行监控和预测等，这为政府快速应急响应、切断传播途径提供了有力支持。

在教育、医疗等方面，大数据均有广泛应用。例如：2009 年，谷歌通过分析 5000 万条美国人最频繁检索的词汇，将之与美国疾控中心在 2003 年至 2008 年季节性流感传播时期的数据进行对比，并建立数学模型。最终成功预测了 2009 年美国冬季流感的爆发。在我国，公共服务方面大数据的应用也非常广泛，如城市交管部门将自身的大数据向导航软件企业开放，使人们出行时打开导航软件就能查看交通情况，这对缓解拥堵、便利出行发挥了积极的作用。

课堂随笔

第三节 移动通信与 5G 技术

移动通信和
5G 技术

　　2018 年 12 月 1 日，应美国的要求，加拿大警方扣留了华为集团副董事长孟晚舟女士，2019 年 5 月 16 日，美国商务部正式将华为列入"实体清单"，禁止美企向华为出售相关技术和产品。这意味着，华为不能再继续采购美国公司的产品，并且其他国家和地区使用美国技术的公司也不能卖产品给华为，其中就包括高通、台积电的芯片，华为高端手机业务面临生死存亡。2020 年 5 月 16 日，华为中国的官方微博中展示了一幅图片，如图 6-5 所示。这是一架二战中苏联的伊尔 - 2 攻击机，机翼和机身上已经遍布弹孔，伤痕累累。然而他却顽强地坚持战斗并且安全返航。图片下方有一句话"没有伤痕累累，哪来皮糙肉厚，英雄自古多磨难。"

图 6-5　2020 年 5 月 16 日华为的微博

　　为何美国这样一个超级大国如此大动干戈以莫须有的罪名，动用国家力量，无端打压华为这样一家中国民营企业呢？美国联邦通信委员会（FCC）的官方回应称，华为公司"对美国通信网络构成国家安全威胁"。实际上，是因为华为率先掌握了移动通信 5G 技术。

　　华为公司经过 30 多年的发展，从一家几十人的小公司成长为全球领先的信息通信基础设施和智能终端的供应商。目前，员工 19.4 万人，业务遍及 170 多个国家和地区，服务全球 30 多亿人口。美国的这一做法目的是要打压我国的高科技产业，遏制我国科技的发展。

　　经过我国政府的不懈努力，2021 年 9 月 25 日，孟晚舟在被加拿大政府非法羁押 1029 天后乘坐我国政府包机回到祖国，她在机场满怀深情的说："回首三年，我更加明白个人命运、企业命运和国家的命运是十指相连。祖国是我们最坚强的后盾，只有祖国的繁荣昌盛，企业才能稳健发展，人民才能幸福安康。"孟晚舟的回国是我国政府和我国人民对抗美国长臂管辖的一次重要胜利，为世界各国树立标杆。

　　什么是 5G？就是第五代移动通信技术（5th generation mobile networks）的简称，是最新一代移动通信技术。

一 移动通信技术概述

1 什么是移动通信

网络通信可以分为有线通信和无线通信，有线通信的传输介质有同轴电缆、双绞线和光纤等，优点是大带宽、低延迟、高稳定性，缺点是建设难、费用高。无线通信的传输介质是电磁波，优点是终端设备可移动、建设工程周期短、成本低、便于维护，缺点是带宽有限、通信质量和安全性难以保障。二者各有利弊，有线通信的通信能力远远大于无线通信，但无线通信因其可移动等众多的优点，在实际应用中变得越来越不可或缺。

移动通信就是无线通信的一种，它最初的定义是指通信的双方或一方处于运动状态的一种通信方式。

2 移动通信技术发展历程

移动通信技术发展阶段如图 6-6 所示。

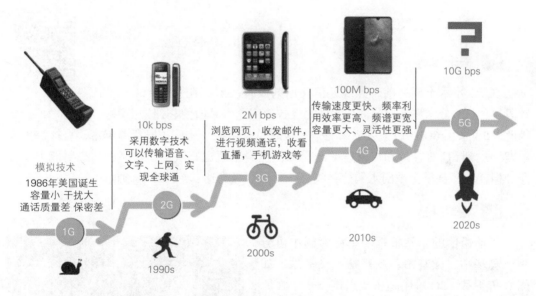

图 6-6 移动通信技术发展阶段

1986 年，第一代移动通信系统（1G）在美国芝加哥诞生，采用模拟技术传输信号。其缺点是只能传输语音信号且传输品质差、讯号不稳定、易受干扰、易窃听等。

第二代移动通信系统（2G）是以数字技术为主，数据传输的速度为 10kbps，支持传输语音、文字和简单浏览网页。

通过为第三代移动通信系统（3G）开辟新的电磁波频谱、制定新的通信标准，使得其传输速度可达 2 Mbps，是 2G 时代的 200 倍。人们可以通过手机浏览网页、收发邮件、进行视频通话、收看直播等，人类正式进入智能手机时代。

第四代移动通信系统（4G）传输速度可达 100 Mbps，是 3G 速度的 50 倍，用户实际体验也在 10 倍以上，人们可以观看高清电影、线上直播教学、多人视频会议等。

5G 作为新一代移动通信技术，拥有更高速率、更大带宽、更强能力，是一个多业务多技术融合、面向业务应用和用户体验的智能网络技术。下载一部全高清的电影只要几秒钟，5G 技术将成为万物互联的智能社会一切通信的基础，自动驾驶汽车、虚拟现实、智能家居、工业自动化、远程医疗手术等已经或即将成为可能。

3 5G 网络主要性能指标

1）传输速率提升 10~100 倍。

2）能够在热点高容量的人口密集区域为用户提供 1Gbps 用户体验速率和 10Gbps 峰值速率。

3）在连续广覆盖区域提供 100Mbps 用户体验速率。

4）频谱效率提升 5~10 倍，能够在 500km/h 的速度下保证用户体验。

5）端到端时延为 4G 的五十分之一，达到毫秒级。连接其他设备的密度，每平方千米可以达到 10^6 个，提升了 100 倍。

二　5G 的关键技术

5G 关键技术和典型应用

1　毫米波

在 5G 技术出现之前，无线通信使用的设备一般都在 3kHz~6GHz 的频段工作，即分米波或厘米波，大量的设备使用这一频段使它拥挤不堪。因此，5G 采用 6GHz 以上频谱来通信，也就是毫米波。这一频段资源丰富，可提供更大带宽，达到 5G 对容量和传输速率的需求；但毫米波也有缺点，它穿透和绕射能力差，路径损耗大，甚至会被雨水和植物吸收，只适合极高速、短距离的通信。

2　微型基站

移动通信的基站根据功率由大到小可分为：宏基站、微基站、皮基站、飞基站，如图 6-7 所示。5G 采用超密集组网方式，在原有的宏基站的基础上增加大量微型基站，这种方式特别适合城市和人流密集的区域，传输速率增加了，辐射却大幅度降低。

3　大规模 MIMO

大规模 MIMO（大规模分布式天线阵列）在 4G 宏基站上一般最多用到 8 根天线，而在 5G 超大规模的 MIMO 上可以用到 256 根天线，将上行、下行发射能量减少，提升系统容量和能量传输的效率；也就是说基站的天线变

图 6-7　移动通信的基站

多了，手机的接收能力变强了。

4 波束赋形

波束赋形指将多个天线上电磁波信号的能量集中在特定方向上进行传播的技术。基站发射信号的形式，类似于灯泡发光，它是360°向四面八方发射的，若只想照亮某个物体，大部分散发出去的光都是浪费。波束赋形就是一种基于天线阵列的信号预处理技术，通过调整天线阵列中的每个阵元的加权系数产生具有指向性的波束，即改变信号的发射轨迹，实现"点对点"有针对地信号传播。这样有效减少大规模天线带来的干扰问题，并且可以加大传输距离、提升频谱利用率，解决毫米波信号被障碍物阻挡及远距离衰减的问题。

5 全双工

全双工是通信传输的一个术语，指通信的发送和接收双方可以同时使用相同的频率进行通信，突破了现有的频分双工（FDD）和时分双工（TDD）模式，能在信号传递时减少延迟、提升网络吞吐量。

6 D2D 通信

D2D（Device to Device 设备到设备）通信，即同一基站下的两个用户进行通信时，先通过基站建立连接，然后数据直接在手机间通信，不需通过基站转发，这样就能大量节约空中资源，也减轻了基站的压力。

三 5G 技术的典型应用

3GPP（3rd Generation Partnership Project）"第三代合作伙伴计划"是一个全球性通信技术组织，其标志如图 6-8 所示。3GPP 定义了 5G 应用的三大场景：eMBB（增强移动宽带）、mMTC（大连接物联网）和URLLC（超可靠低时延通信）。

图 6-8 3GPP 的标志

eMBB：增强移动宽带，顾名思义针对的是大流量移动宽带业务。5G 时代人们可以享受极速的网上冲浪，如：8K 高清直播、VR/AR 沉浸式体验等典型场景。在 2021 年的春节联欢晚会上就应用了 5G 技术，为全球观众，展示了一场视觉盛宴。

mMTC：大连接物联网，可以实现大规模物联网的海量机器通信，例如：智能家居、智能交通、智能电网等应用场景。

URLLC：超高可靠、超低时延通信，例如无人驾驶汽车、远程医疗手术等需要极高响应要求的场景。

5G 通信技术作为构筑万物互联的智能社会的基础，必将与云计算、大数据、人工智能、物联网等技术深度融合，成为加快各行业产业升级的驱动力。

第四节　人工智能

　　1956 年，约翰·麦卡锡（John McCarthy）在达特茅斯会议上首次提出"人工智能"这个术语，被视为人工智能正式诞生的标志。半个多世纪以来，人工智能技术飞速发展，不断取得重大突破，在一些领域人类已不再是人工智能的对手，人工智能时代真的到来了吗？

一　人工智能概述

人工智能概述

1 什么是人工智能

　　人工智能（AI）通常是指用计算机来模拟人类的思维过程和行为能力的科学。它是计算机科学的一个重要分支。实际上，人工智能的研究涉及众多学科如：计算机科学、数学、心理学、仿生学、语言学、哲学等几乎所有自然科学和社会科学。

2 图灵测试

　　怎么样判断机器是否具备人工智能？ 1950 年"人工智能之父"阿兰·麦席森·图灵（Alan Mathison Turing），提出一个测试方法——图灵测试，图灵测试的思想：如果一台机器能够与人类展开对话而不能被辨别出其机器身份，则称这台机器是具有智能的。对这一测试方法的合理性，支持者和反对者都很多，但一直以来，是否能通过图灵测试，仍然是判断机器是否具备人工智能的重要标志。

3 人工智能分类

　　根据人工智能是否能真正实现推理、思考和解决问题，将人工智能分为弱人工智能和强人工智能。

　　弱人工智能：不能真正实现推理和解决问题的智能机器，这些机器表面看像是智能的，但是并不真正拥有智能，也不会有自主意识，只在某一方面达到或超过人类智慧。如："深蓝"擅长国际象棋、"AlphaGo"擅长围棋等。

　　强人工智能：拥有真正能思维的智能机器，并且认为这样的机器是有知觉和自我意识的，在各个方面的能力都达到或超越人类。大多数科学家认为，按目前的研究进展，短期内人类还不具备研发出强人工智能机器的水平。

4 发展阶段

　　人工智能的发展经历了三个阶段，如图 6-9 所示。

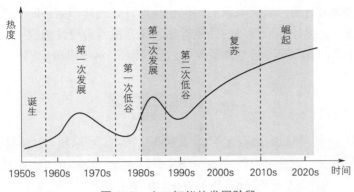

图 6-9　人工智能的发展阶段

　　第一阶段（20世纪50年代—20世纪80年代）。人工智能刚刚诞生，随着计算机软硬件技术的飞速发展，符号主义和机器学习的理论被提出，这一时期计算机在解决数学问题、研究语言理解能力上取得了一些成果，如：研发出了能够破解密码的机器和能学习并简单使用英语的机器。这引起了一些政府的关注和研究经费资助。但由于用机器形式化表达的局限性，随着计算任务的复杂性不断加大，人工智能在语音识别、机器翻译等领域始终没有突破，科学家们对人工智能技术的过于乐观的估计和现实产生了巨大偏差，各方面的批评越来越多，70年代末，政府逐步取消了资助，人工智能的研究进入第一次低谷。

　　第二阶段（20世纪80年代—20世纪90年代末）。在这一阶段，随着计算机硬件的发展，专家系统和人工神经网络等研究领域取得进展，专家系统是一种具有智能特点的计算机程序，它的智能化主要表现为在某些特定领域内，利用计算机程序模拟人类专家处理问题的方法，将一系列复杂的问题分解成if~then的结构，由于专家系统缩小了人工智能解决问题的范围，简化了方法，因此能相对容易地得到稳定结果。专家系统在工程、科学、医药、军事、商业等方面的应用取得了一些成效，产生了巨大的经济效益和社会效益。因而受到大企业和机构的追捧，人工智能迎来新的发展机遇。然而，20世纪80年代末，专家系统在知识获取、推理能力等方面存在的不足，巨大投入与成果的产出达不到预期，商业价值有限，导致投入大幅减少，人工智能再次进入低谷。

　　第三阶段（20世纪90年代末至今）。随着新一代信息技术的兴起和发展，海量的信息资源被用于人工智能研究，大数据、云计算、新一代移动通信、物联网技术的相互融合，使人工智能在很多应用领域取得了突破性进展。深度学习、神经网络等技术被广泛应用，人工智能技术进入繁荣时期。其标志有1997年"深蓝"战胜国际象棋冠军卡斯帕罗夫，"深蓝"将机器智能问题转换成大数据和大量计算的问题，使用复杂的数学工具来解决。2016—2017年，AlphaGo战胜世界多名围棋名将，使得在围棋比赛领域人类已不再是人工智能的对手。

二　人工智能的关键技术

　　机器学习是人工智能的核心，基于大数据的机器学习是现代智能技术中的重要方法之一。机器学习（Machine Learning）是专门研究计算机

人工智能的
关键技术

课堂随笔

怎样模拟人类的学习行为，以获取新的知识和技能，通过知识结构的不断完善与更新，改进计算机算法、优化计算机程序的性能指标，提升机器自身性能的一项技术。机器学习的一般过程如图6-10所示，包括准备数据、选择模型、训练模型、评估模型、参数微调、预测结果。

图6-10 机器学习的一般过程

不是所有的问题都需要用到机器学习，如许多的结构化的数据、逻辑清晰的问题就可以通过其他简单的方式处理，机器学习一般用于解决四类问题：分类、回归、聚类和降维问题。根据学习模式、学习方法的不同，机器学习存在不同的分类。

根据学习模式将机器学习分类为监督学习、非监督学习和强化学习。

1 监督学习

监督学习是利用已标记的有限训练数据集，建立一个模型，实现对新数据的标记。典型的监督学习算法有回归和分类。例如：用各种手写数字"3"来训练模型，从而发现数字"3"的特征，再让计算机根据所学习到的特征从一堆数字中分辨出哪些是数字"3"。监督学习在自然语言处理、信息检索、手写体辨识、垃圾邮件判断等领域获得了广泛应用。

2 非监督学习

非监督学习则不需要训练样本和人工标注数据，由计算机自己找出规律（即隐藏的结构）。典型的非监督学习算法有单类数据降维、聚类等。例如：要从一堆图片中分出猫和狗，不需要对这些图片进行标注，由机器按其特征把相似的图片分为一组，机器不用知道每组是什么，只要特征相同则归为一类。非监督学习主要应用于经济预测、数据挖掘、图像处理、模式识别等领域。

3 强化学习

强化学习是从环境状态到行为的映射，从而使系统行为从环境中获得积累奖励值最大，是一种能够适应环境的机器学习方法。强化学习的重点在于决策，使用未标记的数据，通过奖励函数训练模型使结果逐步优化。例如：谷歌的AlphaGo能够战胜人类，除了深度学习，很大程度上归功于强化学习。而它的第二代AlphaGo Zero采用的就是典型的强化学习，研发团队不再让它像AlphaGo一样学习数百万人类围棋专家的棋谱，只是让它自由随意地在棋盘上下棋，然后进行自我博弈。花了3天时间，它自己和自己下了490万局棋后，以100：0的战绩打败了"哥哥"AlphaGo。强化学习在机器人控制、无人驾驶、下棋、工业控制等领域已获得很多成功应用。

4 深度学习

根据学习方法可以将机器学习分为传统机器学习和深度学习。

传统机器学习就是像人一样，从一些训练样本出发，试图找出规律，实现对未来数据行为或趋势的准确预测。如，20世纪70—80年代流行的"专家系统"，在自然语言处理、语音识别、图像识别、信息检索等领域有一些成功应用。

深度学习是以大数据为基础，利用卷积神经网络等神经网络模型，用海量数据进行训练，配置调整海量参数，实现对数据分类和识别的学习方法。深度学习源于多层神经网络，其实质是给出了一种将特征表示和学习合二为一的方式，通过模拟人脑的神经网络，自我训练来处理复杂的问题，而无需提供大量标记的数据。深度学习是目前最主流的人工智能研究方法。如图6-11所示，这是一个深度学习神经网络模型，它包括一个输入层，一个输出层和三个隐藏层，在计算神经网络模型的层数时，输入层不计数，因此是四层。

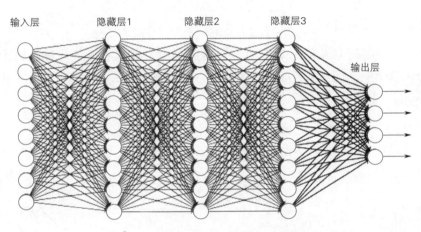

图6-11　深度学习的四层神经网络模型

三　人工智能的典型应用

1 计算机视觉

人工智能的应用

计算机视觉是使用计算机模仿人类视觉系统的科学，图片和视频数据是计算机视觉主要处理的对象。近年来，随着深度学习的发展，预处理、特征提取与算法处理渐渐融合，计算机在图像的提取、处理、理解和分析能力上已经取得巨大的进步。计算机视觉技术在自动驾驶、智能家居、智能医疗等领域均有很多应用前景。根据解决的问题不同，计算机视觉可分为计算成像学、图像理解、三维视觉、动态视觉和视频编解码五大类。例如：人工智能在医疗领域典型应用的是计算成像学——医疗影像计算机辅助诊断（CAD），这一技术的广泛应用将医生从海量的CT影像中解放出来。

课堂随笔

2 自然语言处理

自然语言处理是研究人与计算机之间用自然语言进行有效通信的方法，涉及的领域较多，如机器翻译、手写体和印刷体字符识别、语音识别、信息检索和问答系统等。自然语言处理一直是计算机科学领域与人工智能领域中的一个重要研究方向，目前语音识别技术已基本成熟，语音识别的成功率已经超过 95%，完全走向实用。

2020 年 5 月，著名人工智能科研组织 OpenAI 发布了一款人工智能自然语言模型 GPT–3，被业界认为是人工智能领域革命性的突破。它的功能十分强大，能用自然语言与人类进行交流、翻译，只需给出简单指令它就能编写出程序、制作出精美的网页，它还能"自主"写出新闻稿和论文，并在网络上与人类进行讨论。GPT–3 是深度学习的典型应用，相较于人类拥有 800 亿 ~900 亿个神经元，它拥有 1750 亿个参数，使用的数据集容量达到了 45TB，它阅读的资源库是包括维基百科在内的大量数据大约 5000 亿个单词。

3 人机交互技术

人机交互主要研究人和计算机之间的信息交换，主要包括人到计算机和计算机到人的两部分信息交换，是人工智能的外围技术，包括语音交互、情感交互、体感交互、脑机交互等。

第五节 物联网

物联网的概念是 1999 年由我国最早提出来的，当时叫传感网。2005 年突尼斯信息社会世界峰会（WSIS）上，国际电信联盟（ITU）发布了《ITU 互联网报告 2005：物联网》，正式提出物联网的概念。十多年来，物联网在工业生产、智能交通、环境监测、智能家居等各个行业的应用积累了许多成功的案例。

一 物联网概述

1 什么是物联网

物联网（Internet of things）顾名思义，就是物物相连的互联网。它是新一代信息技术的重要组成部分。具体说，物联网是利用局部网络和互联网将机器、人员和物品通过各种传感器、控制器等设备连接，按照相应的通信协议进行通信，实现对各类物品的智能化识别、定位、监控及管理的一种网络。其实质是利用传感设备，通过网络连接，实现物品的智能化识别和管理。

　　例如：高速公路的 ETC 不停车收费系统是典型的物联网应用，如图 6-12 所示。这种收费系统不需要人工，每车收费耗时不到两秒，收费通道的通行能力是人工收费通道的 5 至 10 倍。只需在车辆挡风玻璃上安装车载电子标签，与收费站 ETC 车道上的微波天线之间进行微波专用短程通信，通过互联网与银行进行后台结算处理，从而达到车辆通过收费站不需停车而能缴费的目的。

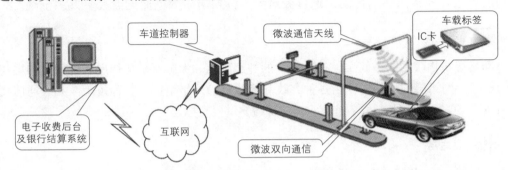

图 6-12　高速公路 ETC 系统结构图

2 物联网的主要特征

　　物联网是互联网应用的延伸和拓展，其主要特征有三个：一是可识别，即纳入物联网的"物"无需人工干预，可以通过设备自动识别；二是可通信，即被识别的"物"可以通过网络实现互联互通，从而进行信息的可靠传递和交换；三是智能化，即控制系统可实现对海量数据进行自动化和智能化处理。

二　物联网的体系结构

　　物联网的体系结构如图 6-13 所示，由下到上可分为三层：感知层、网络层和应用层。

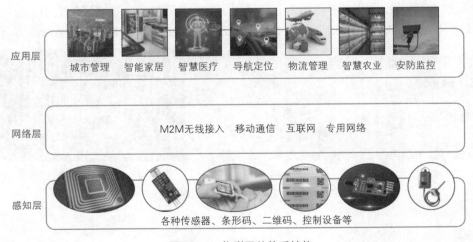

图 6-13　物联网的体系结构

1 感知层

感知层是物联网的最底层，它是实现物联网的基础，就像人的眼、耳、口、鼻和皮肤等，是物联网识别物体、采集信息的来源。感知终端包括 RFID（射频识别）技术，采集声、光、热、电、生物等信息的各种传感器，摄像头，卫星定位系统等。感知层通过各种感知终端自动识别目标对象、读取所需数据而无需太多人工干预。

2 网络层

网络层是物联网的中间层，相当于人的神经中枢和大脑，负责传递和处理感知层获取的数据。网络层的可靠传输由各种有线和无线通信网络组成，各种短距离无线通信技术和 4G、5G 移动通信技术等都是承载物联网的重要支撑。

3 应用层

应用层是物联网和用户（包括人、组织和其他系统）人机交互的接口，对网络层传输来的数据进行分析和处理，从而实现物联网的智能化管理和服务。其主要技术有：云计算、数据挖掘、中间件技术等。

三 物联网的关键技术及应用

物联网的关键技术和应用

感知层技术是实现物联网的基础，是物联网识别物体、采集信息的来源。这里主要介绍感知层的关键技术。

1 二维码

二维码又称二维条码，是用某种特定的几何图形按一定规律在二维平面上记录信息的编码方式，通过设备扫描即可识别其中记录的数据。与一维条形码相比，它具有数据容量更大、编码范围更广、容错能力强、译码可靠性高等特点。二维码的应用十分广泛，几乎无处不在。条形码和二维码如图 6-14a 所示。扫二维码读取信息如图 6-14b 所示。

a）条形码和二维码　　　　b）扫二维码读取信息　　　　c）RFID 芯片

图 6-14　条形码和二维码、扫二维码读取信息与 RFID 芯片

2 RFID 射频识别技术

RFID（Radio Frequency Identification）是一种非接触式的自动识别通信技术，俗称

电子标签。可通过无线电信号识别特定目标并读写相关数据，而无需识别系统与特定目标之间建立机械或光学接触。RFID 技术应用非常广泛：各种门禁系统、物流查询与追踪、食品安全溯源、产品防伪、第二代身份证等。RFID 芯片如图 6-14c 所示。

3 传感器

传感器是一种检测装置，国际电工委员会（IEC）对传感器的定义为：传感器是测量系统中的一种前置部件，它将输入变量转换成可供测量的信号。根据其基本感知功能一般分为：热敏元件、光敏元件、气敏元件、力敏元件、磁敏元件、湿敏元件、声敏元件、放射线敏感元件、色敏元件和味敏元件十大类。传感器的应用十分广泛，如：在智能家居中经常用到的灯光控制器、人体健康监测器、烟雾传感器等。另外，在工业自动化控制中应用更加广泛。

4 全球卫星定位系统

全球卫星定位系统，是一种新型的定位技术，广泛应用于军事和人们生活中，如手机定位、汽车导航、航运、航空等方面。它可以提供全时空、全天候、高精度的定位服务。我们虽然直接看不到卫星但智能手机中的芯片无时无刻不在接收它的信号。

全球共有四大卫星定位系统：美国 GPS、俄罗斯 GLONASS（格洛纳斯）、欧盟 Galileo（伽利略）和我国北斗卫星导航系统。其中最为人们所熟知的是美国的 GPS，由美国国防部于 20 世纪 70 年代开始设计建造，至 1994 年完成 24 颗 GPS 卫星布设，全球覆盖率达 98%，精度约为 1~10m，军民两用。

我国"北斗"系统 2020 年组建完成，由 55 颗北斗 2 号、3 号卫星和 4 颗试验、备份卫星共同组成，向全球用户提供高质量的定位、导航和授时服务，定位精度可以达到毫米级，测速精度 0.2m/s，授时精度 10ns。"北斗"系统实现了全部核心器件国产化。

"北斗"采用"四星定位"技术，它定位的基本原理是基于时间的计算，即通过卫星发出信号到用户接收信号花费的时间，计算出两者之间的距离，以卫星到用户这一距离为半径，可以在三维空间中形成一个虚拟的球，当用户同时连接 4 颗不同的卫星时，就形成 4 个不同的球，4 个球的交汇点就是该用户精确的位置。

今天北斗系统已经广泛应用于交通安全、城市管理、公共服务、海上救援等各行各业。例如：基于高精度定位原理，北斗能够通过预埋的感应器监控水坝、大桥、大楼等巨型建筑的内部是否有轻微形变，这对减灾防灾起到了重要作用。在危险品车辆运输监控和管理中，"北斗"提供全过程、全路段监控，可以提前预判和防范可能出现的风险，如图 6-15 所示。在天津港集装箱码头，无人驾驶集装箱卡车正在全天候地装卸作业，"北斗"的精确定位使作业效率和精度大幅提高，实现了无人驾驶和自动装卸。

随着科技的发展，物联网已逐渐渗入社会经济生活的各个领域，已成为当前世界新一轮经济和科技发展的战略制高点之一，并发挥着越来越重要的作用。

课堂随笔

石油运输监控中心

图 6-15 北斗在危险品运输监控的应用

第六节 区块链

区块链自诞生以来一直饱受争议，有人把它和蒸汽机的发明、工业革命、互联网相提并论，说它将成为推动人类社会进入智能社会的第四次革命；也有人说它是庞氏骗局。本节让我们回归技术本身，学习区块链技术。

一 区块链与比特币

1 什么是区块链

区块链是分布式数据存储、点对点传输、共识机制、加密算法等计算机技术的新型应用模式。简而言之，它是一种去中心化的共享账本和数据库。每一个区块就是一个账本，经过大家认可，每个人都可以查询。

区块链与比特币

举个例子：有一个小村子，大家平时买卖东西的交易都要记账，一开始由村长一个人来记，比方说张三向李四买了一只鸡，给了李四 100 元，村长就记下来，可是如果有一天李四不承认张三给了他 100 元，那么他们可以去找村长查账，这种记账方式就是中心化的。但是中心化的记账方式有一个漏洞，如果村长不小心或者故意没记下这笔钱，又或者记成了张三给了李四 1000 元，那这个时候就说不清楚了。因此大家想出了一个办法，就是所有人一起记账，比方说张三给了李四 100 元这件事，张三就用大喇叭告诉全村所有人，每个人手里都有一个小账本，每个人都记下这个交易。并且每个人都记下全村所有的交易，这样即使有人想改动某笔交易的记录，自己改了没用，因为其他的所有人都有记录，这样就不会出错了。这种"人人记账、人人认可、人人可查"的方式，就是去中心化的共享账本，这也体现了区块链的基本思想。中心化与去中心化的网络结构图如图 6-16 所示。

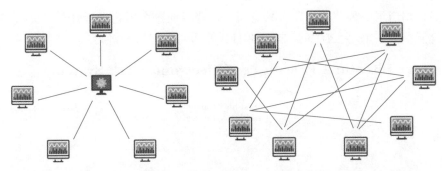

图 6-16　中心化（左）和去中心化（右）网络结构图

区块链有几个关键特性：去中心化、不可篡改、可追溯、匿名性。上面的小故事体现了这其中去中心化、不可篡改和可追溯三项。由于这个故事把空间限定在了一个小村庄，因此匿名性没有体现。如果把这个故事的思路扩展到整个互联网，大家相互不认识，交易时怎么证明发起交易的是你本人呢？这就需要数据加密技术来进行数字签名。而且人们把非常重要的一些交易信息都采用这种人人记账的方式来记录，那么如果你的资产有几千万几个亿，让每个人都能知道你是谁，肯定不合适，因此现实中的区块链还需要匿名性。

2 起源和发展

20 世纪 90 年代，伴随着金融危机的频繁爆发，人们辛苦积攒的财富大量一夜间消失，一群科学家在讨论"如何在互联网上更好地保护个人隐私和财产"问题时，提出采用加密技术来实现，并成立了一个叫"密码朋克"（cypherpunk）的组织。他们认为应该采用分布式的、真正的数字现金系统为人们的隐私加密。他们进行了很多的尝试，这些方法和模型成为区块链技术的雏形，而真正将区块链带入人们视野并蓬勃发展的是比特币（Bitcoin）。

2008 年，金融危机再次席卷全球，银行倒闭、公司破产，世界各国政府为了应对金融危机开始执行量化宽松政策，大量超发货币使民众手中的财富大量缩水。人们希望有一种去中心化的方式来保护个人财产，比特币应运而生。11 月，一个化名为中本聪（Satoshi Nakamoto）的人发表了一篇论文《比特币：点对点电子现金系统》（Bitcoin: A Peer-to-Peer Electronic Cash System），如图 6-17 所示。2009 年 1 月 3 日中本聪在芬兰的一个小型服务器上，亲手创建了比特币的第一个区块（创世区块），并获得了系统自动产生的第一笔 50 个比特币的奖励，比特币就此问世。

比特币此后的发展令人瞠目结舌。它的价格从最初的 0.076 美分一个（即一美元可以兑换 1300 个比特币）至 2021 年 1 月涨到 3.1 万美金一个，涨幅达到 4000 万倍。比特币本质上就是一份数字文件，里面列举着账户金额等信息，像一个账本。区块链上的节点都可以参与记账，为了鼓励人们参与这个共享式的记账系统，比特币系统采用了一个奖励方式叫工作量证明（PoW），谁最先获得记账权，系统就奖励他一定数量的比特币。比特币不是由政府、银行等机构发行，而是依据特定的算法，通过大量计算而产生。实际上，在现实世界中比特币本身不具有价值，它和我们平时使用的游戏币、洗衣币、饭

课堂随笔

票差不多，相当于一种"代币"，只有当人们普遍地愿意用它进行真实的货物交易时它才有了价值。图 6-18 为 2021 年 1 月 28 日比特币时实交易价格图。

Bitcoin: A Peer-to-Peer Electronic Cash System

Satoshi Nakamoto
satoshin@gmx.com
www.bitcoin.org

Abstract. A purely peer-to-peer version of electronic cash would allow online payments to be sent directly from one party to another without going through a financial institution. Digital signatures provide part of the solution, but the main benefits are lost if a trusted third party is still required to prevent double-spending. We propose a solution to the double-spending problem using a peer-to-peer network.

图 6-17 《比特币：点对点电子现金系统》论文部分摘要

图 6-18 2021 年 1 月 28 日比特币时实交易价格图

3 比特币 ≠ 区块链

比特币是一种数字货币，也是一种点对点的电子现金系统。它所依靠的底层技术就是区块链技术。所以比特币不等于区块链，它只是区块链技术的一个最初的应用。

比特币的成功和发展使区块链进入了大众的视野，并且逐渐地应用到了各个领域，如金融、政务、电力等，成为应用越来越广泛的新一代信息技术，区块链的价值和优越性正逐步显现。

二 比特币的关键技术

比特币的关键技术有分布式账本、非对称加密技术、共识机制、哈希算法等。

比特币的
关键技术

1 分布式账本

分布式账本是一种在网络成员之间共享、复制和同步的数据库。分布式账本记录网络参与者之间的交易，比如资产或数据的交换。每一个节点都记录完整的账目，记账节点足够多时，理论上账目不会丢失，从而保证了账目数据的安全性。

2 非对称加密技术

存储在区块链上的交易信息是公开的，但是节点账户身份信息需要保密，如何保证数据的安全和个人的隐私，就要用到加密技术。

数据加密的基本过程就是对原来的"明文"，通过某种算法处理，使其成为一段不可读的代码"密文"，只有拥有密钥的人才能解密。加密算法分为对称加密算法和非对称加密算法，如图 6-19 所示。

对称加密算法就是加密和解密用的是同一个密钥。即一把钥匙开（关）一把锁。

图 6-19 对称加密和非对称加密算法

非对称加密算法就是加密和解密用的是不同的密钥。分别称私钥和公钥，私钥只有自己知道，而公钥可以让其他人知道。私钥和公钥就像是一双手套，总是成对出现、一一对应。使用它们的方式有两种：可以用公钥加密私钥解密，也可以用私钥加密公钥解密。

公钥加密私钥解密，一般应用于防止信息传递中被人窃取，例如：你的邮箱地址相当于公钥，邮箱密码相当于私钥，知道邮箱地址任何人都可以给你发邮件，但只有你自己有邮箱密码才能查看邮件。

私钥加密公钥解密，一般应用于数字签名，即确认行为是否是私钥拥有者本人发起的，例如：通过网银转账时，我们手中的密码就是私钥，而银行拥有的是相对应的公钥，银行通过公钥对我们输入的密码（私钥）验证，就能确认是否是本人操作。比特币中采用的就是这种私钥加密公钥解密方式实现"数字签名"。

3 共识机制

（1）什么是共识机制

在中心化的系统中，所有数据由中心节点掌握，几乎不存在数据一致性问题。而区块链中由于点对点网络下存在较高的网络延迟，因此对在一定时间内发生事务的先后顺序需要设计一种机制以达成共识，称为"共识机制"。共识机制的本质是在互不信任的网络节点中建立共识。

（2）比特币的共识机制

不同的区块链有不同的共识机制。而中本聪的比特币选择的方案是做题（"挖矿"），谁先把答案算出来，谁就优先接入区块链、有权记账并获得奖励（比特币）。区块链上每一个"块"都包含"块头"和"块身"两部分，如图6-20所示。块身中是交易记录，块头中是与区块链相关的信息，包括上一个区块的哈希值、时间戳等，还有一个随机数（nonce）。除了第一个由中本聪创建的"创始区块"外，每一个区块中都有上一个区块的哈希值，它就像一个不断向前的指针，把所有的区块连接起来，保证了链上块的顺序。

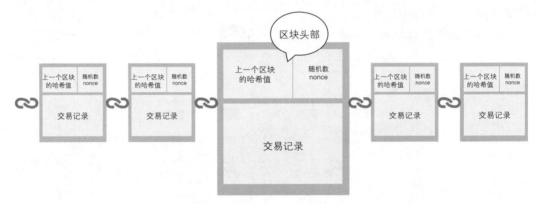

图6-20　比特币区块链结构图

"挖矿"的本质是用穷举法找出那个最合适的随机数（nonce），使得整个块的哈希值满足系统规定的条件。"矿工"们的计算机算力越强，算出答案的可能性就越高。如何进行计算？需要用到哈希算法。

4 哈希算法（Hash）

比特币系统采用哈希算法来实现共识机制和防篡改。严格说哈希算法不是一种而是一类加密算法。如：SHA256、MD4、MD5等，用的是一个叫哈希的函数对数据加密。以SHA256为例：哈希算法可以将任意长度的字符或文件通过哈希计算转换成为256位的二进制数，计算出的结果称为哈希值。

哈希算法有两个特性：一是被加密前的"明文"只要有任何一点更改哪怕只改一个字母，生成的哈希值就完全不一样。这个性质可以用于检查数据是否被修改过。二是已知加密前的"明文"计算哈希值非常容易，反之，知道哈希值无法推导出"明文"。

区块链中如何使用哈希算法呢？

前面"共识机制"里已经说到了要挖到矿，就要把区块的所有数据打包好，再用穷举法一个一个地尝试修改这个随机数（nonce），以达到系统要求的哈希值。如图6-21所示，这是比特币区块链上一个块头部的信息，上一个区块的哈希值是一个64位的16进制数，开头有19个0，换算成二进制就是76个0。这表示当前系统的计算难度是哈希值76个0，

0 越多表示计算的难度越高，例如：哈希值开头为 1 个 0，那么难度就是 1/2，只需要尝试 2 次，n 个 0 的成功概率就是 $1/2^n$，那么当前系统的计算难度 76 个 0，就表示难度是 $1/2^{76}$，用一台现在最先进的矿机要算 1000 多年，但是只要算出来了，所有人就可以立刻验证你有没有算对，如果对了，所有节点都会认同这个结果，把这个区块记到自己记录的区块链上，然后开始打包计算下一个区块。这样就保证了所有节点拥有同样的实时更新的账本。

图 6-21　一个区块中的部分信息

为了让大家有动力去做题记账，第一个算出来的人就会获得比特币作为奖励。目前的奖励是算出一个块奖励 6.5 个比特币，这个过程被称为"挖矿"。因为每个新加入的区块的块头中都包含上一个区块的哈希值，如果有人修改任何一个区块里的任何一个字符，都会改变这个区块的哈希值，让下一个区块的哈希指针失效，立刻就会被发现。这就保证了数据不被篡改。

比特币通过分布式账本、非对称加密技术、共识机制、哈希算法等技术，在互不信任的网络节点中，实现了一种基于计算机算法的陌生人信任的解决方案。

三　比特币的现实问题

我国政府支持区块链技术的发展，但比特币等数字货币的交易在我国是非法的。很大原因是比特币这一类数字货币存在着许多的现实问题，国家出台多项政策文件，加强监管。

比特币的现实问题

1　资源的大量消耗

"挖矿"过程需要大量的算力、电费、人工费和管理费用。"矿机"是用于挖矿的专门计算机，价格昂贵、功能单一；"挖矿"需要的电力巨大。据统计，2019 年全世界用于"挖矿"所消耗的电力相当于瑞士全国一年的用电量之和。"挖矿"这种对生产力发展不产生任何效益的行为，是对资源的巨大浪费。

2 疯狂炒作泡沫巨大

自从 2009 年 1 月比特币产生开始，大约每 10s 出一个块，比特币的奖励也从每出一个块奖 50 个比特币，减少到了现在的每出一个块奖励 6.5 个比特币，到 2021 年 1 月已经被挖出了 1800 多万个，占总量 2100 万个的 88%（见图 6-22），预计 2040 年比特币就会挖完。12 年来，比特币的价格暴涨暴跌，民众和机构疯狂炒作，许多人因此倾家荡产。据经济学家郎咸平 2017 年 1 月的统计：最初的 1300 万个比特币，其中的 50% 掌握在 950 个人手中，而到了 2017 年，共挖出了 1610 万个比特币，其中 80% 掌握在早期玩家的手中。

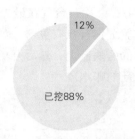

图 6-22 比特币产出情况

另外，还有一个现象也值得人深思。2016 年，比特币 98% 的交易中都有我国人在参与，而且比特币涨幅的曲线与百度搜索引擎中对"比特币"这一词语的搜索量涨跌幅度曲线高度吻合。因此越晚进场、进场的人越多、比特币炒作得越高，实际上都是在为操控比特币玩家们赚钱。

随着区块链技术的普及和比特币成功经验的激励，各种各样的数字货币应运而生，至少有几千种。除了比特币等极个别的数字货币处于增长的态势外，绝大部分数字货币几乎都是暴涨之后暴跌，以操纵者卷钱走人，散户血本无归为收场。

3 安全风险

（1）私钥泄露。在区块链的世界里只有私钥能证明"你是你"。当你转账时需要用你私钥进行数字签名，来确认这笔转账有效。如果私钥泄露，谁都可以冒充你把钱转走。例如：2013 年，美国一位叫 Adam 的人，就在电视直播里收到了一笔比特币奖金，他高兴之余不小心向镜头展示了他的私钥，于是他的比特币很快就被转走了。

（2）51% 攻击。区块链上的数据不能被篡改这一特性，它的前提是区块链上参与的节点足够多，且 50% 以上的节点都是维护区块链良性发展的参与者，而不是攻击者。但是如果有人拥有的算力超过 50%，那么他就拥有了能修改区块链上数据的能力。所以在比特币的系统里，算力越强，需要算的哈希值的零就越多，难度就越高，理论上谁也不可能拥有 50% 以上的算力，这样就保证了数据的不可篡改。但在参与者不多的区块链上，51% 攻击实现起来难度并不大，例如：2018 年 10 月，一个叫"比特黄金"的数字货币就遭到了 51% 攻击，攻击者成功地修改账本，卷走 1000 万美金。而现在挖出比特币的难度越来越大，单靠个人的算力和财力很可能血本无归，因此，"矿工"们会选择加入"矿池"，大家一起来挖，获得的比特币也按规则大家平分。这样一来，"矿池"越来越集中，若"矿池主"们联合起来，"51% 攻击"理论上也将成为可能。世界各大矿池占比如图 6-23 所示。

（3）滋生犯罪交易。区块链的不可篡改性和匿名性，使得一些不法分子利用其进行违法犯罪活动，特别是跨国跨境犯罪，更加难以侦破，如：军火交易、毒品交易、黑市交易、洗钱等，比特币成为违法犯罪活动的滋生土壤。

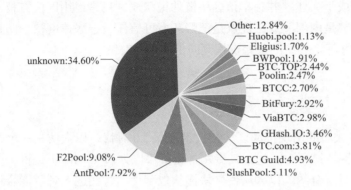

矿池/矿池份额占比　　　　　　　　所有 ∨　⊕　≡

Other:12.84%
Huobi.pool:1.13%
Eligius:1.70%
BWPool:1.91%
BTC.TOP:2.44%
Poolin:2.47%
unknown:34.60%
BTCC:2.70%
BitFury:2.92%
ViaBTC:2.98%
GHash.IO:3.46%
BTC.com:3.81%
F2Pool:9.08%
BTC Guild:4.93%
AntPool:7.92%
SlushPool:5.11%

根据出块计算　　　　　　　　　　统计时间：2021-01-28

图6-23　世界各大矿池占比

科学技术没有好坏对错之分，而人有。区块链技术本身的先进性毋庸置疑，它为人们提供了一种基于计算机算法的陌生人信任解决方案，未来运用的场景十分广阔，如何使用好这一工具是人类需要探索思考的问题。

四　区块链的分类及特点

区块链的分类和发展

按照参与者的范围来分，可以将其分为公有链、联盟链和私有链。

1　公有链（Public Blockchain）

是任何人都能参与的区块链，不受任何机构控制，整个账本对所有人公开。任何人都可以在公有链上查询、参与交易和记账。公有链是最早的、去中心化程度最高的区块链，加入公有链不需要任何人授权，可以自由加入或离开，如：比特币、以太坊等。

由于公有链是在陌生的、缺乏信任的环境下记账，公有链需要有一套共识机制来选出记账节点，也就是平常说用"挖矿"来竞争记账权。公有链的特点是延时高、成本高、效率低。

2　联盟链（Consortium Blockchain）

有准入机制，必须得到同意才能进入联盟。联盟预选出节点作为记账人，链上信息的读写、记账规则都由联盟共识来设定。联盟内多个机构共同管理维护，只对联盟内部成员开放全部或部分功能。

由于联盟内节点之间可信的网络环境，联盟链的特点有记账效率高、共识时间短、记账成本低、隐私性好等。联盟链主要适用于行业协会、大型企业联盟等。如：2015年成立的银行业联盟链"R3区块链联盟"已有几十家银行参与，包括美国银行、纽约梅隆银行、花旗银行等。

3 私有链（Private Blockchain）

由一个公司或个人建立并独享该区块链的记账权，只是运用区块链技术来保证其实施。由于私有链都是内部节点，优点是记账环境可信任、记账速度快、防止单个节点篡改信息、隐私性好等。大型的金融机构倾向于使用私有链。

五 区块链 2.0——以太坊

2014 年，以太坊的出现推动区块链技术进入 2.0 时代，以太坊是一个开源的有智能合约功能的公共区块链平台，通过其专用加密货币以太币（Ether）提供去中心化的以太虚拟机来处理点对点合约。以太坊使区块链从数字货币时代进入到智能合约的时代。用户可以在去中心化的以太坊平台上运用智能合约创建各种应用，如游戏、金融、选举等。

以太坊有三个基本概念：以太币、以太虚拟机、智能合约。

智能合约是以太坊和比特币最大的区别，也是区块链技术的巨大进步。智能合约是指运行在以太坊区块链上的一段可以自动执行的代码。用户可以自由编写满足自动执行的"合同"，智能合约的账户保存了当前执行的状态。它实际上不是一个合约而是一系列相关合约的集合。在中心化的系统里，智能合约其实一直都有非常广泛的应用，比如银行的 ATM 机就是按照事先设计好的规则运行，把卡插进去，然后输入、按键操作，钱就会被取出来。而以太坊的智能合约就是把这种方法运用到了区块链上。

六 区块链的发展前景

1 金融业

金融业本身是一个离散程度很高的业务场景，很多的金融业务会涉及多方的关联，这让区块链技术有了更广泛的应用空间。另外，金融业也是一个价值很高的产业，有足够的投资能力来应用这种最新的技术。区块链技术在国际汇兑、股权登记和证券交易等金融领域都有着巨大的应用价值。

2 供应链

区块链的点对点可信任、信息的不可篡改、可追溯等优势，可以帮助供应链提高端到端的数据透明度，降低成本和风险，同时有效解决信息孤岛现象，打通采购、生产、物流、销售、监管环节。如：在新冠疫情中，区块链技术在对被污染的产品的追根溯源中起到了很大作用。

3 公共服务

基于区块链的透明、开放、可追溯的特点，可以用于政府监管、公益捐助、扶贫、社会治理等公共服务。目前已有联合国儿童基金会开始接受比特币和以太坊的捐款，联合国粮农基金会利用区块链向巴勒斯坦难民提供资助，非洲一些国家采用区块链进行总统选举等。

4 数字产品的溯源和存档

基于区块链数据不可篡改、历史数据全程可追溯的特点，区块链技术可以广泛地应用于艺术品、文化产品、食品、药品的溯源和合同等法律文书、证件的存档等。

第七节　量子信息

近年来，量子信息技术迅猛发展，成为备受关注的新一轮科技革命与产业变革前沿。经过多年积累与发展，我国在量子信息领域硕果累累，已经具备这一领域领先的科技实力和创新能力。

一　基本概念

1 量子

量子是一个物理学概念，用于描述微观物理世界。最早是由德国物理学家马克斯·普朗克（**Max Planck**）（见图 6-24）在 1900 年提出的。普朗克在研究"黑体辐射"时提出一个假说：能量的传输不是连续的，而是"一份一份"的（离散的）。他把这一份一份的能量称为"能量子"，后被称为"量子"。例如，光是由光子组成的，光子不可再分，是一种量子。因为这一发现，1918 年普朗克获得了诺贝尔物理学奖。

在宏观世界中，一切物理量的变化都可以看作是连续的。例如，某人从A点走到B点，他一定是连续不间断地从A移动到B，移动的整个过程的位置和动量都能被观测到。而在微观世界中就完全不是这样的，例如：高中物理中学过，

图 6-24　马克斯·普朗克

氢原子中电子的能量只能取一些固定的值而不能取其他值，公式$E = -13.6/n^2$ eV（$n = 1$，2，3，…），eV是一种能量单位"电子伏特"，因此称氢原子中电子的能量是量子化的。事实上，所有原子中电子的能量都是量子化的，这在微观世界中是一种普遍现象。

百度百科中对量子的定义是：如果一个物理量有最小的单元而不可连续地分割，就说这个物理量是量子化的，并把这个最小的单元称为量子。简而言之，量子就是离散变化的最小单元。所以量子不是指某一个或一类特定的粒子，在不同的语境下可以指不同的粒子，如电子、光子、原子、质子等。如果某个东西只能离散变化，就说它是"量子化"的。

课堂随笔

2 量子力学

离散变化是微观世界的一个本质特征，准确描述微观世界的物理学的理论就是"量子力学"。相对于"量子力学"，人们将传统的牛顿力学称为"经典力学"。经典力学描述了宏观世界物质形态的运动规律。

量子力学与相对论一起被认为是现代物理学的两大基本支柱，许多物理学理论如原子物理学、核物理学和粒子物理学以及其他相关的学科都以量子力学为基础。

量子力学的应用早已渗透到人们生活的方方面面。例如，计算机的产生和发展，早期计算机的基本器件晶体管的产生，就得益于量子力学基础研究领域的突破，1930 年美国斯坦福大学的研究者尤金·瓦格纳发现了半导体的性质，在晶体管上加电压能实现门的功能，以控制管中电流的导通或阻断，这一特性非常适合计算机二进制信息编码的表示，使晶体管成为早期计算机的基本器件。可以说整个半导体产业，都是在量子力学基础上构建的，没有量子力学就不会有芯片、计算机和五花八门的电子产品。

现代医学的大多数成像工具和分析方法，如自旋磁共振、电子隧道显微镜等，也都是在量子力学的基础上才得以实现的；新的化学工艺、新材料、新药的研究发明，都离不开量子力学的基础理论。不仅研究原子、分子、激光这些微观对象时必须用量子力学，研究宏观物质的导电性、导热性、硬度、晶体结构、相变等性质时也必须用到量子力学。

3 量子信息

量子信息是量子力学与信息科学产生融合形成的交叉学科。量子信息的研究领域主要有两方面：量子通信和量子计算。利用量子力学的基本理论，实现经典信息科学中无法实现的功能，例如让计算机的运算速度提高 1000 万倍——量子计算机、永远不会被破解的加密方法——量子密钥分发、科幻电影中的"传送术"——量子隐形传态等。量子信息的研究领域如图 6-25 所示。量子信息是一门新兴的科学，发展日新月异，还有许多未知的领域等待人们去探究。

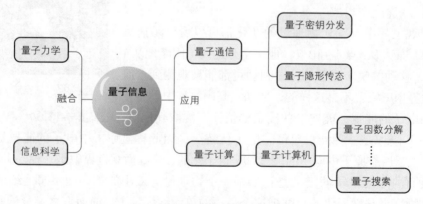

图 6-25 量子信息的研究领域

在量子信息中主要用到量子力学的三个特性：叠加、测量和纠缠。中国科学技术大学袁岚峰博士把它们称之为量子力学的"三大奥义"。

二 量子通信

量子通信

所谓量子通信，简单说就是利用量子力学相关原理解决信息安全问题的通信技术。量子通信主要有"量子密钥分发"和"量子隐形传态"。"量子密钥分发"是利用量子的不可复制性，对信息进行加密，属于解决密钥问题。而"量子隐形传态"是利用量子的纠缠态来传输信息，也可以用于量子保密通信。

1 传统的保密方法的困境

互联网上，通信介质有光纤、同轴电缆、微波、红外线、无线电波等，无论哪种，专业人员想要窃取其上的信息都是一件相对容易的事，因此为保证数据的安全性，需要对传输的数据加密。传统的加密方式是建立在对密钥加密算法设计的基础之上，密钥的设计目的是保证即使被窃取依然不能被破解。这里指的不能被破解是相对的，即传统的加密方法通常采用非常困难的数学算法，如大数字的因数分解等，在现有的计算机运算能力下，需要很长的时间如一万年甚至更久才能计算出结果从而被破解出来。但如果计算机的计算能力足够强大，这些加密算法就完全不起作用了。实际上，随着计算机计算能力的提升和密码专家们的不懈努力，许多加密算法被一一破解，例如RSA512、RSA768和SHA-1算法，分别在1999年、2009年和2017年被破解。这样的破解可以在通信双方完全不知情的情况下进行，一旦发生，对被破解密码的一方在军事、金融、政务等众多涉及国家安全的领域都是灾难性的。

2 量子通信的优势

（1）叠加原理

比特（bit）是计算机科学的基本概念，它是计算机存储数据的最小单位，一个比特即一个二进制位，用以表示"0"或"1"两种状态。为了区别后面的量子比特，这里称它为经典比特。

而在量子力学中，情况出现了本质的变化。量子力学有一条基本原理叫作"叠加原理"：如果两个状态是一个体系中允许出现的状态，那么它们的任意线性叠加也是这个体系允许出现的状态，称为量子比特（qubit）。不同于经典比特的数位状态，这两个状态的量子系统实际上可以在任何时间为两个状态的本征态（即基本的量子态）或叠加态（即0态和1态的任意线性叠加，它既可以是0态又可以是1态，0态和1态各以一定的概率同时存在）。所以，经典比特像"开关"，只有开和关两个状态（0和1），而量子比特像"旋钮"，有无穷多个状态。

（2）测量的不可预测性

在经典力学中，一切演化都是确定的，同样的原因必然导致相同的结果，例如抛硬币，人们通常认为是单次随机事件，其结果不可预测，但如果将出手时的角度、速度、空中的气流状况等所有相关条件设置完全相同，则结果一定相同。而在量子力学中，量

课堂随笔

子测量不能独立于所观测的物理系统单独存在，相反，测量本身即是物理系统的一部分，所做的测量会对系统的状态产生干扰。对于单独的一次实验，同样的原因可以导致不同的结果，不能做出任何预测，只能计算出概率，测量结果的概率是由体系本身的状态决定，与外界干扰、信息完备性无关。这种内在的随机性是量子力学的一种本质特征。

量子独有的这两个"先天优势"，使得采用量子做成的"密钥"来传递信息，加密的内容不会被数学的方法破解。

3 量子密钥分发

量子密钥分发是量子通信中迄今唯一进入实际应用的技术，这是一个具有极高的军事和商业价值的应用领域，也是各国对量子信息研究大力投入的重要原因之一。量子密钥分发的实现方法非常复杂，但描述很简单：第一步通信双方不通过信使，实现同时产生相同的随机的密钥并告知对方。第二步双方用它加密信息，再用任意传统信息传输方式传递密文。这里量子通信只负责密钥的产生和共享，因此将其称作量子密钥分发。

实现量子密钥分发需要解决两个难题：

1）如何使通信双方同时产生相同的随机密钥。这需要用到量子力学中叠加和测量的相关知识，这部分就像做数学题一样，方法找对了就能计算出结果。

2）如何防止窃听。量子密钥分发使用单个量子，单个量子不能再分，因此窃听者无法只窃取一部分，例如不能窃取半个光子，且量子的特性之一测量会改变量子的状态，那么一旦被窃听，量子的状态就会改变，则窃听行为会被立刻发现，这时通信双方可以立刻停止信息传递，这样就保证了信息传递的绝对安全。而且量子通信能够知道窃听发生的时间，乘以光速就能找出发生窃听的具体位置，这时警察出动，窃听者很大可能被抓住。

量子通信的安全性是量子本身特性决定的，是物理原理的产物，它提供了一种无条件安全通信的手段，而不是像传统的加密算法那样依赖于算法的复杂性，因此在现有的科技水平下，量子通信的加密技术真正做到无法被破解。

4 量子隐形传态

科幻故事中经常出现超时空的"瞬间移动的穿越术"。在现实中这一神奇的能力只能存在于人们的幻想和虚构的故事里，而在量子的世界中，"瞬间传送"却真实存在，量子能超越很远的距离相互感应、传递信息，不过量子传递的不是人或物而是量子的状态，称为量子隐形传态。这就需要用到量子的第三个神奇的特性"量子纠缠"。

量子纠缠（quantum entanglement）这一复杂的理论，最早是爱因斯坦作为悖论提出来的，被称作"鬼魅般的超距作用"。简单来说，量子纠缠是一种量子力学现象，指的是两个或多个量子系统之间存在非定域、非经典的强关联。当两个量子处于纠缠态时，无论相距多远，测量其中一个的状态必然能同时获得另一个量子的状态，从而进行信息的传输。这两个纠缠态的量子，类似孙悟空和他的分身，二者无论距离多远都能"心有灵犀"。

量子纠缠用于传输信息加密时，安全性更高，理论上使超光速传递信息成为可能，但目前的科技水平还无法实现超光速传递，因此爱因斯坦相对论中提出的任何物体运动的速度都无法超过光速这一论点，仍然成立。现实中量子纠缠作用的距离还不能很远。

5　量子通信的发展进程

美国在 2005 年建成了 DARPA 量子网络，连接美国 BBN 公司、哈佛大学和波士顿大学三个节点。

2008 年我国开始研制 20km 级的三方量子电话网络。

2009 年我国构建了一个 4 节点全通型量子通信网络，大大提高了安全通信的距离和密钥产生速率，同时保证了绝对安全性。2012 年，"金融信息量子通信验证网"在北京正式开通，是世界上首次将量子通信技术应用于金融信息安全传输。

2014 年我国远程量子密钥分发系统的安全距离扩展至 200km，刷新世界纪录。

2016 年 8 月 16 日，我国发射全世界首颗量子科学实验卫星"墨子号"，连接地面光纤量子通信网络。墨子号的科学目标包括三大实验，即星地之间的量子密钥分发、量子隐形传态和量子纠缠分发。量子纠缠是一种多粒子体系的现象，因而粒子越多、距离越远，操纵起来就越困难。各国在这一领域的研究上均处于起步阶段，我国走在了世界的最前列。2016 年 12 月，中国科学技术大学潘建伟院士及同事在量子信息科研领域获重大突破，他们通过两种不同的方法制备了综合性能最优的纠缠光子源，首次成功实现"十光子纠缠"，如图 6-26 所示，刷新了光子纠缠态制备的世界纪录。

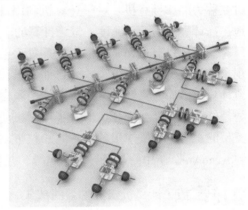

图 6-26　十光子纠缠

2017 年 9 月，由中国科学技术大学作为项目主体建设的量子保密通信"京沪干线"正式开通，其总长超过 2000km，是目前世界上最远距离的基于可信中继方案的量子安全密钥分发干线。

2020 年 6 月 15 日，我国量子科学实验卫星"墨子号"率先成功实现"千公里级"的星地双向量子纠缠分发，打破了此前国际上保持多年的"百公里级"记录。

2021 年 1 月 7 日我国建成"跨越 4600km 的天地一体化的量子通信网络"。它通过光纤覆盖从北京到上海，光纤总长 2000 多 km；通过"墨子号"卫星连到乌鲁木齐，地空距离 2600km。将地面光纤和自由空间结合，标志着我国已构建出天地一体化的量子通信网络雏形，为未来实现覆盖全球的量子通信网络奠定了基础。目前已接入金融、电力、政务等行业用户 150 多家。《自然》杂志审稿人评价称，这是地球上最大、最先进的量子密钥分发网络，是量子通信"巨大的工程性成就"。

课堂随笔

6 量子通信的发展前景

从长期来看，量子通信产业应用场景十分广泛，包括网络信息安全、量子通信干线、量子城域网、金融、国防等方面，未来市场空间有望达到千亿规模。通过进一步的建设，可建立一个覆盖全国的多横多纵的量子通信网络，然后，通过建立由高轨卫星和低轨卫星组成的"星座"，和地面上的多横多纵的网络连在一起，进而构建一个全球化的广域量子通信网络。

三 量子计算

1 量子计算机和量子霸权

量子计算作为量子信息技术的另一个重要研究方向，它是一种遵循量子力学规律调控量子信息单元进行计算的新型计算模式。

量子计算机是用量子力学原理制造的计算机。相应地，目前被广泛使用的电子计算机被称为经典计算机。量子计算机利用量子天然具备的叠加性进行并行计算，可以极大地提高计算机的运算速度。量子计算的主要研究领域有量子因数分解和量子搜索等。

当量子计算机在某个问题上的处理能力远超现有的最强的经典计算机时，被称为实现了量子优越性或量子霸权。目前量子计算机并不是对所有的问题的处理能力都超过经典计算机，而是只针对某些特定的问题设计出高效的量子算法，因而在这一类问题上的处理能力超过经典计算机。量子计算机使用的是如原子、离子、光子等物理系统，不同类型的量子计算机使用的是不同的粒子，目前世界上最强的量子计算机中，美国谷歌的"Sycamore"使用的是超导，我国的"九章"使用的是光子。

2 量子计算机研究的最新成果

2019 年，谷歌第一个宣布实现了量子霸权。他们用的量子计算机叫作"Sycamore"，如图 6-27 所示。它处理的问题是判断一个量子随机数发生器是不是真的随机。Sycamore 包含 53 个量子比特的芯片，花了 200s 对一个量子线路取样一百万次，而现有的最强的超级计算机完成同样的任务需要一万年。

a）谷歌 Sycamore 处理器　　　　　　　　　　b）Sycamore 的量子芯片

图 6-27 谷歌 Sycamore 处理器和 Sycamore 的量子芯片

2020 年 12 月 4 日，中国科学技术大学的潘建伟、陆朝阳团队构建了一台 76 个光子 100 个模式的量子计算机"九章"，如图 6-28 所示，它处理"高斯玻色子取样"的速度比超级计算机"富岳"快一百万亿倍。也就是说，超级计算机需要一亿年完成的任务，"九章"只需不到两分钟。同时，"九章"也等效地比"Sycamore"快一百亿倍。这是在量子计算机研究领域的重大突破。

图 6-28 量子计算机"九章"

3 量子计算机的发展前景

量子计算机的研究目前还处于初级阶段，离实际应用还有一段距离。但量子计算机超高的运算速度，将会为现代科技进步提供多种可能性。

1）密码破解方面，量子计算机有着巨大潜力。当今主流的非对称加密算法，主要基于大整数的因数分解或者有限域上的离散指数计算这两个数学难题设计，他们的破解难度依赖于解决这些问题的效率，量子计算机在因数分解这类问题上算法的优势十分明显。

2）医疗方面，量子计算机强大的计算能力如果运用到新药物的研发上，可以使生产速度大大提高。新药制造需要使用计算机模拟运算，判断哪个配方是最有效的，而经典计算机运行这类运算需要很长时间。

3）人工智能方面，如果使用量子技术，无人驾驶汽车传感器处理的速度、反应能力能够更快，性能相应提高。

4）农业方面，量子计算机可以用以研究光合作用的过程，有科学家预言，如果这个应用研究成功了，太阳能的利用率会从现有的 10% 提高到 20%~30%，农业会出现跳跃式发展。

参 考 文 献

［1］中华人民共和国教育部.高等职业教育专科信息技术课程标准（2021年版）［M］.北京：高等教育出版社，2021.

［2］董卫军，等.计算机导论：以计算思维为导向［M］.4版.北京：电子工业出版社，2021.

［3］睢碧霞.信息技术基础［M］.北京：高等教育出版社，2019.

［4］刘志成，石坤泉.大学计算机基础［M］.北京：人民邮电出版社，2021.

［5］熊福松.计算机基础与计算思维［M］.北京：清华大学出版社，2018.

［6］陈雪蓉.计算机网络技术及应用［M］.3版.北京：高等教育出版社，2020.

［7］陈开华，王正方.计算机应用基础项目化教程［M］.北京：高等教育出版社，2020.

［8］教育部考试中心.全国计算机等级考试一级教程：计算机基础及 WPS Office 应用［M］.北京：高等教育出版社，2021.

［9］未来教育教学与研究中心.全国计算机等级考试上机考试题库：一级计算机基础及 WPS Office 应用［M］.成都：电子科技大学出版社，2018.

［10］互联网＋计算机教育研究院.WPS Office 2016 商务办公全能一本通［M］.北京：人民邮电出版社，2019.

［11］黄如花.信息检索［M］.3版.武汉：武汉大学出版社，2019.

［12］李贵成，张金刚.信息素养与信息检索教程［M］.武汉：华中科技大学出版社，2016.

［13］刘芳，朱沙.大学生信息素养与创新教育［M］.武汉：华中科技大学出版社，2017.

［14］李扬.高校研究生信息素养教育的目标与路径探析［J］.现代情报.2007（11）：219-220；225.

［15］全国信息安全标准化技术委员会.信息安全技术个人信息安全规范 GB/T 35273—2020［S］.北京：中国标准出版社，2020.

［16］董显辉.职业文化的内涵解读［J］.职教通讯，2011（15）：5-8.

［17］綦恩周，朱培锋.高职校园文化与职业文化融合提升专业认同研究［J］.科技创业月刊，2021，34（4）：121-124.

［18］张豪诚，丁一波.5G移动通信的特点及应用［J］.数字通信世界，2019（05）：40；189

［19］徐卫卫.走进物联网［M］.北京：机械工业出版社，2018.

［20］王凤茂，蔡政策.云计算技术基础教程［M］.北京：机械工业出版社，2020.

［21］潘建伟.更好推进我国量子科技发展［J］.红旗文稿，2020（23）：9-12.